教育部文科计算机基础教学指导委员会立项教材

普通高等学校计算机基础教育课程"十二五"规划教材·精品系列

计算机应用技术基础实验指导

（第二版）

陆　铭　徐安东　主编

中国铁道出版社

CHINA RAILWAY PUBLISHING HOUSE

内 容 简 介

　　本书是陆铭、徐安东主编的《计算机应用技术基础（第二版）》的配套实验指导书，在第一版的基础上进行了比较大的修改和补充，教材以 Windows 7 作为系统环境、MS Office 2010 为信息处理平台展开各章的内容。全书共分 9 章，包括 Windows 基本操作、Word 应用、Excel 应用、PowerPoint 制作、互联网基本应用、网页设计制作、多媒体应用、实用工具软件、文献信息检索与利用等实验内容，涵盖了教育部高校文科计算机基础教学指导委员会编写的《大学计算机教学基本要求（第 6 版——2011 年版）》提出的大学计算机基础课程知识体系中的计算机软硬件基础、办公信息处理、多媒体技术、计算机网络四大知识领域的基础知识和基本技能。本教材设计了基础实验、提高实验和综合实验三个层次，供教师和学生在教学实践中依据不同需求进行选用。

　　本书适合作为高等学校非计算机专业学生的计算机应用技术基础课程的教材，也可供有一定自学能力的人员和有意学习计算机基础知识进行办公事务处理、通过信息检索获取知识的人员作参考。

图书在版编目（CIP）数据

计算机应用技术基础实验指导/陆铭，徐安东主编. —2 版. —北京：中国铁道出版社，2013.9（2015.7 重印）
普通高等学校计算机基础教育课程"十二五"规划教材·精品系列
教育部文科计算机基础教学指导委员会立项教材
ISBN 978-7-113-14544-6

Ⅰ. ①计… Ⅱ. ①陆… ②徐… Ⅲ. ①电子计算机—高等学校—教材参考资料 Ⅳ. ①TP3

中国版本图书馆 CIP 数据核字（2013）第 198833 号

书　　名：计算机应用技术基础实验指导（第二版）
作　　者：陆　铭　徐安东　主编

策　　划：杜　鹃　曹莉群　　　　　　　　**读者热线电话：** 400-668-0820
责任编辑：杜　鹃
封面设计：付　巍
封面制作：白　雪
责任印制：李　佳

出版发行：中国铁道出版社（100054，北京市西城区右安门西街 8 号）
网　　址：http://www.51eds.com
印　　刷：北京鑫正大印刷有限公司
版　　次：2010 年 9 月第 1 版　　2013 年 9 月第 2 版　　2015 年 7 月第 5 次印刷
开　　本：787 mm×1 092 mm　　1/16　　印张：13　　字数：303 千
印　　数：13 001～19 000 册
书　　号：ISBN 978-7-113-14544-6
定　　价：26.00 元

大学生应用计算机的能力已成为他们毕业后择业的必备条件。能够满足社会与专业本身需求的计算机应用能力已成为合格大学毕业生的必备素质。因此，对大学各专业学生开设具有专业倾向或与专业相结合的计算机课程是十分必要、不可或缺的。

　　为了满足大学生在计算机教学方面的不同需要，教育部高等教育司组织高等学校文科计算机基础教学指导委员会编写了《高等学校文科类专业大学计算机教学基本要求》（下面简称《基本要求》）。

　　《基本要求》把大文科各门类的计算机教学，按专业门类分为文史哲法教类、经济管理类与艺术类等三个系列。其计算机教学的知识体系由计算机软硬件基础、办公信息处理、多媒体技术、计算机网络、数据库技术、程序设计，以及艺术类计算机应用 7 个知识领域组成。知识领域下分若干知识单元，知识单元下分若干知识点。

　　文科类专业大学生所需要的计算机的知识点是相对稳定、相对有限的。由属于一个或多个知识领域的知识点构成的课程则是不稳定、相对活跃、难以穷尽的。课程若按教学层次可分为计算机大公共课程、计算机小公共课程和计算机背景专业课程三个层次。

　　第一层次的教学内容是文科各专业学生应知应会的。这些内容可为文科学生在与专业紧密结合的信息技术应用方向上进一步深入学习打下基础。这一层次的教学内容是对文科生信息素质培养的基本保证，起着基础性与先导性的作用。

　　第二层次是在第一层次之上，为满足同一系列某些专业的共同需要（包括与专业相结合而不是某个专业所特有的）而开设的计算机课程。这部分教学在更大程度上决定了学生在其专业中应用计算机解决问题的能力与水平。

　　第三层次，也就是使用计算机工具，以计算机软硬件为依托而开设的为某一专业所特有的课程，其教学内容就是专业课。如果没有计算机为工具的支撑，这门课就开不起来。这部分教学在更大程度上显现了学校开设的特色专业的能力与水平。

　　为了落实《基本要求》，教指委还启动了"教育部高等学校文科计算机基础教学指导委员会计算机教材立项项目"工程。中国铁道出版社出版的"教育部高等学校文科计算机基础教学指导委员会计算机教材立项项目系列教材"，就是根据《基本要求》编写的由教指委认同的教材立项项目的集成。它可以满足文科类专业计算机各层次教学的基本需要。

　　由于计算机、信息科学和信息技术的发展日新月异，加上编者水平毕竟有限，因此本系列教材难免有不足之处，敬请同行和读者批评指正。

卢湘鸿

于北京中关村科技园

　　卢湘鸿　北京语言大学信息科学学院计算机科学与技术系教授，原教育部高等学校文科计算机基础教学指导委员会副主任、现教育部高等学校文科计算机基础教学指导委员会秘书长，全国高等院校计算机基础教育研究会常务理事，原全国高等院校计算机基础教育研究会文科专业委员会主任、现全国高等院校计算机基础教育研究会文科专业委员会常务副主任兼秘书长。

第二版前言

随着人们对计算思维认识的不断深入，大多数学者都认为，计算科学与理论科学和实验科学，已并列成为推动人类文明进步和促进科技发展的三大手段，与此对应的计算思维、理论思维和实验思维的培养是大学教育的主要任务。以计算科学为基础的计算思维是大学生创新性思维培养的重要组成部分，非计算机专业的计算机基础课程应强调计算思维的基础教育，融知识讲授与能力培养的计算思维于计算机基础课程的教学中。

计算思维利用启发式的推理寻求解答，它可以在不能确定的情况下进行规划、学习和调度。实质上就是搜索、搜索再搜索。计算思维是利用海量数据来加快计算，在时间和空间之间、在处理能力和存储容量之间进行权衡。现实生活中有很多这样的事例体现了计算思维：当学生早晨去上学时，会把当天所需的东西放进书包，这就是"预置和缓存"；当有人弄丢了自己的物品，你可能会建议他沿着走过的路线去寻找，这就是"回推"；在什么时候停止长期租用的物品而为自己买一个呢？这就是"在线算法"；在超市付费时，你应当去排哪一个队呢？这就是"多服务器系统"的性能模型；为什么停电时你的电话仍然可以用呢？这就是"失败的无关性"和"设计的冗余性"。当计算思维真正渗透到每一个人的生活之中时，"预置和缓存"、"回推"、"在线算法"、"多服务器系统"、"失败的无关性"和"设计的冗余性"等专业术语也就融入了人们的日常语言。

计算思维的培养，是计算机基础教学面临的新挑战，需要通过教学改革的实践，不断探索计算思维培养的方式，积累培养经验。在传统的教学中，计算思维是隐藏在能力培养内容中的，要靠学生"悟"出来，现在要把这些明白地讲出来，让学生自觉地去学习，以提高培养质量，缩短培养时间。

本教材以教育部高校文科计算机基础教学指导委员会编写的《大学计算机教学基本要求（第6版——2011年版）》为依据，是《计算机应用技术基础（第二版）》的配套实验教材。本版教材在第一版的基础上进行了比较大的修改和补充，教材以 Windows 7 为系统环境、以 MS Office 2010 为信息处理平台展开。涵盖了《大学计算机教学基本要求（第6版——2011年版）》提出的大学计算机基础课程知识体系中的计算机软硬件基础、办公信息处理、多媒体技术、计算机网络四大知识领域的基础知识和基本技能。本教材编写的重点是培养学生的计算机应用能力，尤其强调培养学生获取知识的能力，教材设计了基础实验和提高实验两种类型的实验，以满足不同类型学生学习之需，还设计了综合实验，给学生进一步提高综合应用计算机的能力提供了广阔的空间。

全书共分 9 章，包括 Windows 基本操作、Word 应用、Excel 应用、PowerPoint 演示文稿制作、互联网基本应用、网页设计制作、多媒体应用、实用工具软件、文献信息检索与利用等实验内容。实验中建议配置使用的软件为：Windows 7、Office 2010、Dreamweaver CS4、Photoshop CS4、Flash CS4、Acrobat Reader 11、Audition 3.0、iSee V3.928、Nero Burning ROM 9、WinRAR 等。

新版教材编写得到了广大教师的积极响应，并在编写过程中给予了大力的支持，很多教师参与了本教材的编写，本书由陆铭、徐安东主编，第1章由陈萍、王亮完成，第2章由陈萍、胡晞完成，第3章由王亮、胡晞完成，第4章由陆铭完成，第5章由李瑞娟、李雯馨完成，第6章由马娇阳完成，第7章由张军英完成，第8章由邹启明、张军英完成，第9章由徐刘靖完成，全书由陆铭、徐安东负责最后的统稿。

实验中涉及的实验素材和效果样张等材料，可在网站 http://www.51edu.net 上下载。

教育部高校文科计算机基础教学指导委员会秘书长卢湘鸿教授在百忙中抽出时间为本书作序，给予我们从事计算机基础教学的教师以极大的鼓舞。很多高校的许多老师对本书的写作提供了很多帮助和支持，在此一并表示衷心感谢。由于时间仓促和水平有限，不足和疏漏在所难免，敬请广大读者给予指正。

编　者

2013 年 6 月于上海

第一版前言

信息化已经成为当今世界经济社会发展的必然趋势，是未来经济发展的重要增长点。《2006—2020 年国家信息化发展战略》明确提出：大力推进信息化，是覆盖我国现代化建设全局的战略举措，是贯彻落实科学发展观、全面建设小康社会、构建社会主义和谐社会和建设创新型国家的迫切需要和必然选择。高校以培养适应社会发展战略需要的人才为己任，要为国家和地区建设培养符合国家信息化战略要求的合格的建设人才。

本教材以教育部高等学校文科计算机基础教学指导委员会编写的《高等学校文科类专业大学计算机教学基本要求》为依据，是《计算机应用技术基础》的配套实验教材。本教材覆盖了计算机软硬件基础、办公信息处理、多媒体技术、计算机网络四大知识体系的基本技能实践内容。教材编写的重点是培养学生的计算机应用能力，尤其强调培养学生获取知识的能力，教材设计了基础实验和提高实验两种类型以满足不同类型学生学习之需，还设计了部分拓展实验，为学生进一步提高应用计算机的能力提供了广泛的空间。

全书共分 9 章，包括 Windows 基本操作、互联网基本应用、Word 应用、Excel 应用、PowerPoint 演示文稿制作、网页设计制作、多媒体应用、实用工具软件、文献信息检索与利用实验内容，涵盖了《高等学校文科类专业大学计算机教学基本要求》中有关大公共课程的 9 个模块的技能要求。

教材编写得到了广大教师的积极响应，并在编写过程中给予了大力的支持，很多教师参与了本教材的编写，其中第 1、3、4 章由陆铭、陈萍编写，第 2 章由李闻歆、徐安东编写，第 5 章由谢建华编写，第 6 章由高珏、马娇阳编写，第 7 章由薛万奉、顾浩、陆铭编写，第 8 章由张军英编写，第 9 章由徐刘靖编写，全书由陆铭、徐安东担任主编并负责统稿。

实验中涉及的实验素材和效果等材料，可在中国铁道出版社下载专区 http://edu.tqbooks.net/download 网站上下载。

教育部高等学校文科计算机基础教学指导委员会秘书长卢湘鸿教授在百忙中抽出时间为本书作序，给予我们从事计算机基础教学的教师以极大的鼓舞。上海大学计算中心和图书馆的许多老师对本书的写作提供了很多帮助和支持，在此一并表示衷心感谢。由于时间仓促和水平有限，差错和谬误在所难免，敬请广大读者给予指正。

编　者

2010 年 7 月于上海

CONTENTS ——— 目录

第 1 章　Windows 7 基本操作

1.1　基础实验

实验任务一　Windows 用户界面的个性化设置

任务知识点

- "开始"菜单和"任务栏"的使用及设置。
- 桌面背景、屏幕保护程序和分辨率的设置。
- Windows 剪贴板的功能。
- 快捷方式的创建。
- 系统时间的设置。
- 整理磁盘。

目标和要求

- 掌握 Windows 7 系统的基本操作。
- 掌握 Windows 7 系统的常规设置。
- 掌握窗口的基本操作。
- 熟练设置任务栏和开始菜单、创建快捷方式。

操作步骤

1. 窗口的基本操作

（1）切换窗口

单击窗口上任意可见的区域，使该窗口成为当前活动窗口；使用组合键【Alt+Tab】或【Alt+Esc】进行窗口切换。

（2）移动窗口

将鼠标指向窗口的标题栏，注意不要指向左边的控制菜单或右边的按钮，然后拖动标题栏到需要的位置。

（3）最大化、最小化和还原窗口

单击窗口右上角的"最大化"按钮，窗口便最大化显示并占据整个桌面，这时"最大化"按钮显示为"还原"按钮。

单击窗口右上角的"还原"按钮，或者双击该窗口的标题栏，窗口就还原为最大化前的大小和位置。

单击窗口右上角的"最小化"按钮，窗口就最小化为任务栏上的按钮。

单击任务栏上要还原的窗口按钮，窗口便还原为最小化前的大小和位置。

（4）调整窗口大小

鼠标指针指向窗口的边框或窗口角，待鼠标指针变为↕或↔或↖后，拖动窗口的边框到指定位置即可。

（5）排列窗口

右击任务栏上的空白处，然后在弹出的快捷菜单中分别选择"层叠窗口"、"横向平铺窗口"、"纵向平铺窗口"命令，观察并记录各个窗口的位置关系变化情况。

（6）关闭窗口

- 单击窗口右上角的"关闭"按钮 ⊠ 。
- 按【Alt+F4】组合键。
- 选择"文件" / "关闭"命令。
- 在标题栏空白处右击，在弹出的菜单中选择"关闭"菜单命令。
- 控制菜单按钮处右击，在弹出的菜单中选择"关闭"菜单命令。
- 控制菜单按钮处单击，选择"关闭"菜单命令。

2. 设置任务栏和开始菜单

（1）观察任务栏

观察开始菜单中各个菜单项和任务栏右边的"时钟"。

（2）调整任务栏的位置及大小

右击任务栏空白处，在弹出的快捷菜单中选择取消"锁定任务栏"命令；将鼠标指向任务栏的上边，待鼠标变为上下双箭头后，拖动鼠标可以调整任务栏的高度。将鼠标指针指向任务栏的空白处，将任务栏拖动到桌面的左侧、上边和右侧，然后再将任务栏拖动到原位置。

（3）隐藏任务栏

右击任务栏空白处，在弹出的快捷菜单中选择"属性"命令，在弹出的"任务栏和开始菜单属性"对话框中，选择"自动隐藏任务栏"复选框，然后单击"确定"按钮，观察任务栏的变化。

（4）设置显示属性

鼠标右击桌面空白处，选择"个性化"命令，弹出"个性化"窗口。

选择"桌面背景"图标命令，选择墙纸列表框中的某个图案（任选），并设置"图片位置"为"拉伸"。选择"屏幕保护程序"图标命令，打开"屏幕保护程序设置"对话框。单击"屏幕保护程序"下拉列表，选择"变换线"选项，单击"设置"按钮并设置等待时间为 5min 。单击"确定"按钮保存设置结果。选择"显示" / "调整分辨率"命令，设置屏幕的分辨率为 $1\,024 \times 768$ 像素，单击"确定"按钮保存设置结果。

3. 创建快捷方式

① 在需要创建快捷方式处（如桌面）的空白处右击，在弹出的快捷菜单中选择"新建" / "快捷方式"命令。弹出"创建快捷方式"对话框，单击"浏览"按钮。弹出"浏览文件夹"对话框，在文件夹树状结构中找到 Windows Media Player。单击"下一步"按钮，弹出"选择程序标题"对话框，单击"完成"按钮，这样就在桌面上创建了媒体播放器的快捷方式。

② 选择需要创建快捷方式的应用程序或文档文件后右击，在弹出的快捷菜单中选择"创建快捷方式"或"发送到" / "桌面快捷方式"命令。

这时就能在当前位置或桌面上创建一个快捷方式，然后用"剪切"、"粘贴"命令将该快捷方式移动到需要的位置处即可。

4. 设置带有星期显示的系统时间

单击任务栏托盘上的"时间"图标，选择"更改日期和时间"命令，弹出"日期和时间"对话框。单击"更改时区"按钮，选择"(UCT+8:00)北京、重庆、香港特别行政区、乌鲁木齐"选项，单击"更改日期和时间"按钮，调节年、月、星期和时钟值。选择"更改日历设置"命令，在弹出的""自定义格式"对话框中，选择"日期"选项卡，在"日期格式"框中可选择"短日期"或"长日期"，根据提示，在"短日期"文本框中输入"yyyy/M/dddddd"，单击"确定"按钮，观察任务栏的托盘显示，此时显示当前时间和带星期的日期。

鼠标右击任务栏托盘上的时间显示区，选择"调整日期/时间"命令，在对话框中单击"更改日期和时间"按钮，选择"更改日历设置"命令，在对话框中选择"时间"选项卡，在"时间格式"框中可选择"短时间"或"长时间"，根据提示，在"短时间"文本框中输入"tt H:mm"，也可以在"长时间"的格式文本框中加上"tt "，单击"确定"按钮后，在托盘上显示的时间前将带有"上午"或"下午"的提示，如图 1-1 所示。

下午 16:20
2013/8/18 星期日

图 1-1　时间/日期设置效果

5. 查看及整理磁盘

双击桌面上的"计算机"图标，选择 C 盘驱动器图标并右击，在弹出的快捷菜单中选择"属性"命令，弹出"本地磁盘（C:）属性"对话框，在"常规"选项卡中，可以查看 C 盘已用空间和可用空间。

选择"开始"/"所有程序"/"附件"/"系统工具"/"磁盘碎片整理程序"命令，弹出"磁盘碎片整理程序"对话框，选择需要整理的磁盘（如 D 盘），然后单击"碎片整理"按钮，就开始对 D 盘进行碎片整理了。

实验任务二　Windows 系统环境下的文件管理

任务知识点

- 新建文件和文件夹。
- 资源管理器。
- 文件或文件夹的复制、移动、删除或重命名。
- 文件和文件夹的属性。
- 搜索文件和文件夹。

目标和要求

- 掌握文件和文件夹的操作方法。
- 掌握资源管理器的使用方法。

操作步骤

1. 新建文件和文件夹

双击桌面上的"计算机"图标，打开"计算机"窗口，双击 E 盘（或由任课教师指定的盘）图标，在窗口的右边显示出 E 盘根目录下所有的文件和文件夹。

在右侧窗格的空白位置处右击，在弹出的快捷菜单中选择"新建"/"文件夹"命令，出现"新建文件夹"图标，然后将文件夹以自己的学号命名。

双击刚才新建的文件夹，在该文件夹内再次新建 3 个子文件夹，分别命名为 01、02 和 03。

双击打开名称为 02 的文件夹，在其中新建 3 个不同类型的文件，分别是文本文件 a1.txt、Word 文档文件 a2.doc 和位图图像文件 a3.bmp。

将屏幕上的所有窗口都最小化，按【Print Screen】键对当前桌面进行全屏抓图，双击位图图像文件 a3.bmp，打开该文件，按【Ctrl+V】组合键将其粘贴到图像 a3.bmp 文件中，保存该文件并关闭。

2. 设置文件和文件夹的属性

打开 02 文件夹，选择 a2.doc 文件并右击，在弹出的快捷菜单中选择"属性"命令，在"属性"对话框中，选中"只读"和"隐藏"复选框，单击"确定"按钮。

在"资源管理器"窗口中，选择"组织"/"文件夹和搜索选项"命令，弹出"文件夹选项"对话框，在"查看"选项卡中，选择"高级设置"列表框中的"不显示隐藏的文件和文件夹"单选按钮，单击"确定"按钮。这样，设置为"隐藏"属性的文件和文件夹就被隐藏了。

3. 搜索文件和文件夹

依次搜索 mspaint.exe 和 calc.exe 文件，将找到的文件复制到 03 文件夹下。

实验任务三　安装与设置打印机

任务知识点

打印机驱动程序的安装。

目标和要求

- 掌握打印机驱动程序的安装与设置。
- 学会使用打印机打印输出文档。

操作步骤

本实验要求安装一台 HP 910 打印机，打印端口为 File，并打印测试页 Test 保存到实验任务二生成的 03 文件夹下。

① 选择"开始"/"设备和打印机"/"添加打印机"命令。在"添加打印机"对话框中，单击"添加本地打印机"选项，如图 1-2 所示。

图 1-2　添加打印机向导

② 需要为打印机选择一个输出端口，当有真实的打印机与计算机相连时，选择 LPT1 打印机端口（见图 1-3），本实验要求的端口为 File，确定端口后单击"下一步"按钮。选择打印机的厂商和打印机的型号（见图 1-4），然后单击"下一步"按钮。

图 1-3　选择打印机端口

图 1-4　选择打印机厂牌和打印机的型号

③ 如果打印机的型号在列表中没有，则单击"从磁盘安装（H）"按钮，然后选择驱动程序

的位置（见图 1-5），找到打印机型号后（见图 1-6）单击"下一步"按钮。

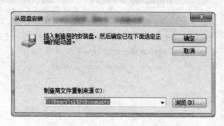

图 1-5　"从磁盘安装"对话框

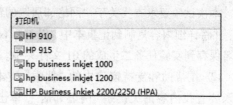

图 1-6　找到打印机型号

④ 为打印机指定名称，一般说来不用改变，单击"下一步"按钮，如图 1-7 所示。

⑤ 选择不共享打印机（见图 1-8）。单击"下一步"按钮。选择"设置为默认打印机"复选框（见图 1-9）；单击"打印测试页"按钮，在弹出的对话框中输入文件夹位置和文件名 Test，单击"确定"按钮输出测试页；单击"完成"按钮，完成打印机安装。

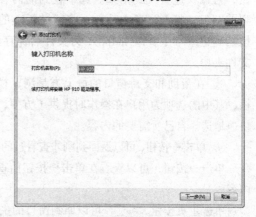

图 1-7　为打印机指定名称

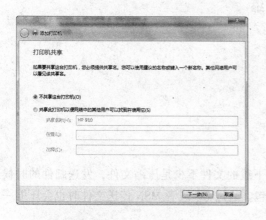

图 1-8　打印机共享

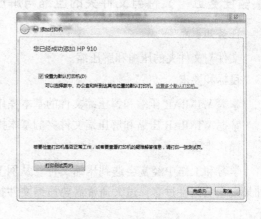

图 1-9　完成打印机安装

实验任务四　帮助系统的使用

任务知识点

Windows 7 帮助系统的帮助主题、指南、疑难解答和其他支持服务。

目标和要求

掌握使用帮助系统解决 Windows 7 的使用问题。

操作步骤

① 单击"开始"按钮，在弹出的菜单中选择"帮助和支持"命令，启动帮助程序，如图 1-10

所示。在这个窗口中会为用户提供帮助主题、指南、疑难解答和其他支持服务。

本次试验要求查找关于"网络邻居"的帮助信息，并将详细内容复制到记事本中，以 help.txt 为文件名保存到实验任务二生成的 01 文件夹中。

② 在帮助和支持窗口中的"搜索"文本框中输入要查找内容的关键字"网上邻居"，单击 🔍 按钮，可以快速查找到结果。选中查到的内容复制到剪贴板，打开记事本软件，将剪贴板上的内容粘贴到记事本中，以 help.txt 为文件名保存到 01 文件夹中。

③ 在帮助和支持窗口的最上方是浏览栏工具栏，其中的选项为用户在操作时提供了方便，可以快速地选择自己所需的内容。

④ 单击←按钮，可以返回到刚才查看过的内容。

单击→按钮，可以查看在单击←按钮前查看的内容。

单击主页按钮" 🏠 "，可以回到窗口的主页。

图 1-10 "Windows 帮助和支持"窗口

实验任务五 文件与文件夹的压缩与解压缩

任务知识点

文件与文件夹的压缩和解压缩。

目标和要求

掌握 WINRAR 压缩和解压缩文件的基本操作。

掌握 WINRAR 压缩和解压缩文件夹的基本操作。

操作步骤

学习和工作中经常会遇到压缩文件。从网上下载的文件不少是压缩文件，发送邮件的时候如果发送的附件过多、过大通常需要压缩文件打包，通过 QQ 或者 MSN 传送文件时也会压缩一下。

压缩文件有三个最重要的用途：

① 捆绑文件，使多个文件捆绑在一起，管理、传送方便。

② 压缩空间，很多文件通过压缩之后体积会减少，即压缩之后文件会变得小了。

③ 压缩文件一般可以免遭破坏，若文件进行备份存放的时候最好压缩打包，这样一般的病毒不会破坏到它，杀毒软件也不会破坏到它。

当然压缩软件还有很多用途，可以加密存储一些文件，可以生成自解压的文件包等。

简单的压缩打包和解压缩的使用方法一一介绍。

压缩打包的方法：右击一个文件或者文件夹（例如 InternetExplorer），在弹出的快捷菜单中选择"添加到"命令，如图 1-11 所示开始压缩，压缩后文件夹与需压缩的文件或者文件夹同名，但是图标与"添加到"三个字前面的那个图标相同，此文件就是压缩文件。

解压缩的方法：右击压缩文件，弹出图 1-12 所示的菜单，选择"解压缩到"命令，开始解压缩，稍候就会出现和当前文件名一样的一个文件夹，这就是解压缩后的文件。

图 1-11　压缩打包的方法　　　　　　　　　图 1-12　解压缩的方法

查看压缩文件内的情况：双击打开一个压缩文件，界面如图 1-13 所示。单击"添加"图标，可向当前的压缩文件内添加文件；单击"解压到"图标，可以解压缩到任意指定的位置；单击"扫描病毒"图标可以定义一个当前的杀毒软件来扫描病毒，这个按钮的好处是在压缩包中就可以扫描病毒；单击"保护"图标可以给压缩文件指定密码，避免别人随意打开；"自解压格式"图标提供了没有安装压缩软件的计算机也能解压缩的方法。

图 1-14 显示了单击"解压到"按钮之后的情况，可以单击右侧的磁盘位置，寻找解压的地点。

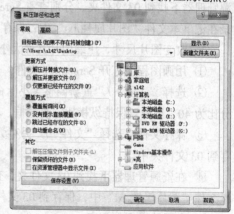

图 1-13　压缩文件内部的情况　　　　　　　图 1-14　解压路径的选择

按照上述实验描述，将实验任务二中生成的学号文件夹及保存在其中的全部子文件夹和文件进行压缩，压缩文件名为学号。

按照上述实验描述，将上述生成的以学号为文件名的压缩文件转换为自解压缩文件。

按照上述实验描述，运行生成的自解压缩文件，将文件夹及其文件解压缩到与原文件夹不同的另一个磁盘上（如 D 盘），查看 D 盘上的目录结构，验证解压结果的正确性。

实验任务六　图形压缩与格式转换

任务知识点

图形的压缩和格式转换。

目标和要求

- 掌握图形的压缩和格式转换的方法。
- 掌握使用画图工具压缩图形和格式转换的基本方法。

操作步骤

1. 生成原始图片

① 按下【PrtSc】键，或选择一个程序窗口按【Alt+PrtSc】组合键，将屏幕或窗口图像复制到剪贴板上。

② 打开画图程序：选择"开始"/"所有程序"/"附件"/"画图"命令，按【Ctrl+V】组合键，将剪贴板上的信息粘贴到画图程序中。

③ 将图像文件以 Screen 为文件名，保存类型为"24 位位图"，保存到实验任务二生成的 03 文件夹中。

2. 转换图片格式、压缩图片文件大小

① 找到前一步骤保存的图像文件 Screen 并右击，在弹出的快捷菜单中选择"打开方式"/"画图"命令。

② 选择"文件"/"另存为"命令，选择保存类型为 JPEG。

③ 一幅 1MB 多的图片，在不改变原有尺寸的情况下，转换格式另存以后会变小许多；在资源管理器下找到 03 文件夹，分别查看 Screen.bmp 文件与 Screen.jpg 文件的大小，比较其变化，记录在记事本文件"图片属性.txt"中，保存到 03 文件夹下。

3. 改变图片尺寸、压缩图片文件大小

① 用画图程序打开 Screen.jpg 文件。

② 选择"主页"/"重新调整大小"命令，在打开的对话框中，设置"重新调整大小"的百分比为 40，选择"保持纵横比"复选框，单击"确定"按钮。

③ 保存文件：选择"文件"/"另存为"命令，保存类型为 JPEG，文件名为 Screen2.jpg，保存到 03 文件夹中。

④ 在资源管理器下找到 03 文件夹，查看 Screen2.jpg 文件的大小，比较其变化，记录在记事本文件"图片属性.txt"中，保存到 03 文件夹下。

4. 在图片上添加文字

① 选择"主页"/"文本工具"命令，在左侧的工具栏里选择文字工具（即 A 图标），在画面上的适当位置拖动光标拉出文字编辑框，添加文字"改变大小、添加文字后的图片"。选择"查看"/"文字工具栏"命令，在"文字工具栏"中设置字体和字号，字的颜色在颜色盘里选取。

② 保存文件：选择"文件"/"另存为"命令，保存类型为 JPEG，文件名为 Screen3.jpg，保存到 03 文件夹中。

③ 在资源管理器中找到 03 文件夹，查看 Screen3.jpg 文件的大小，比较其变化，记录在记事本文件"图片属性.txt"中，保存到 03 文件夹下。

1.2　提　高　实　验

实验任务一　操作系统的安装与设置

任务知识点

Windows 7 的安装。

目标和要求

● 掌握操作系统的安装方法。
● 掌握安装系统软件的基本方法。

操作步骤

① 开机时，按【Del】键进入 BIOS 设置状态，如果按【Del】键无效，可以试试【F2】或【F10】键。将 BIOS 设置调成光盘启动，放入 Windows 7 光盘，重新启动。系统会自动读光盘，根据提示进入安装界面。

② 在 Windows 7 安装界面里，选择要安装的语言为中文（简体），时间和货币格式为中文（简体，中国），键盘和输入方法为中文（简体）-美式。单击"下一步"按钮。

③ 单击"现在安装"按钮。

④ 在"打开请阅读许可条款"选项中选择"我接受许可条款"复选框，单击"下一步"按钮。在"您想进行何种类型的安装"界面中，单击"自定义（高级）"按钮。

⑤ 在"您想将 Windows 安装在何处"界面中，选择系统的安装分区，一般安装于 C 盘，单击"下一步"按钮。此时，系统进行文件复制并安装，完成后，单击"重启计算机"按钮。

⑥ 重启后的计算机需要调整显示等基本配置，并且需要建立管理员用户，默认的管理员账户名为 Administrator，用户也可以建立自己的管理员账户并单击"下一步"按钮。输入系统的安装密钥，等系统自动配置好后，Windows 7 就安装完成了。

实验任务二　应用软件的安装与卸载

任务知识点

应用软件的安装。

目标和要求

● 掌握应用软件的安装方法。
● 掌握安装 Office 2010 软件的基本方法。

操作步骤

1. Office 2010 的安装

① 在安装 Office 2010 前，关闭其他正在运行的应用程序，将准备好的安装盘放入光驱中。如果系统设置为自动运行，光盘会自动启动；如果没有设置，可以从"开始"菜单中选择"运行"命令（见图 1-15），在"运行"对话框中单击"浏览"（见图 1-16）按钮，并从"浏览"对话框中选择安装光盘上的 setup.exe 文件，然后单击"确定"按钮。

图 1-15 "开始"菜单中选择"运行"命令

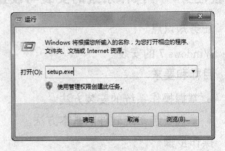

图 1-16 选择安装光盘上的 setup.exe 文件

② 安装程序首先更新系统的 Windows 安装程序，然后进入"欢迎使用 Microsoft Office 2010"窗口，要求输入用户名、单位及 CD-Key（见图 1-17），在光盘封套或手册封面上找到一个黄色标签，那上面的号码就是产品的 CD-Key。输入完这些信息后单击"下一步"按钮，继续安装过程。

③ Office 提供了两种不同的安装模式。安装程序要求选择安装方式："立即安装"或"自定义"安装（见图 1-18）。"立即安装"方式将使用常用选项安装到默认目录中，并且只安装最常用的组件。此处选择"自定义"安装，可自己选择安装位置、是否保留以前的 Office 版本及指定要安装的选项等。

图 1-17 输入 CD-Key

④ 选择"文件的位置"选项卡（见图 1-19），安装程序要求选择 Microsoft Office 2010 的安装位置，单击"浏览"按钮，确定新的安装位置。

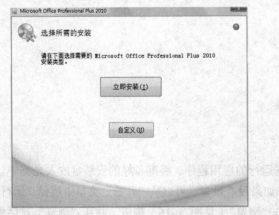

图 1-18 安装方式

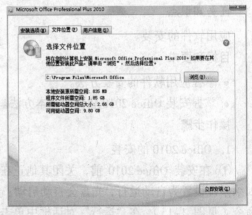

图 1-19 选择安装位置

⑤ 选择"用户信息"选项卡（见图 1-20），修改或输入"用户信息"。

⑥ 选择"安装选项"选项卡（见图 1-21）可以对 Office 组件进行取舍，如平常使用最多的是 Word、Excel 和 Access，其他不常用的可不选（以后需要时可启动 Office 修复程序再安装），安装程序也列出了本地硬盘的可用空间。

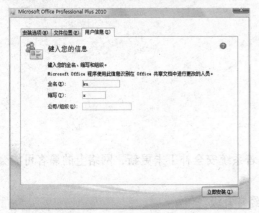

图 1-20　选择用户信息　　　　　　　　图 1-21　"自定义安装"对话框

⑦ 经过以上步骤的选择后，单击"立即安装"按钮，开始安装过程（见图 1-22）。

⑧ 安装完成（见图 1-23）。

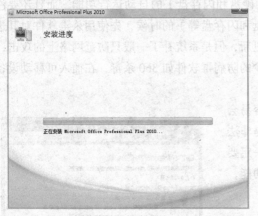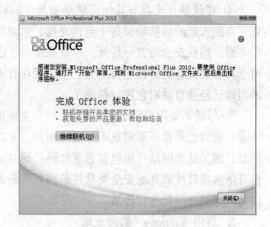

图 1-22　安装进度对话框　　　　　　　　图 1-23　安装完成

2. 软件的卸载

① 利用软件自身提供的卸载工具卸载软件：直接运行"程序"中的卸载程序，它会自动将原来安装的软件从系统里清除。这是最方便的办法。

② 运行 Windows"控制面板"，单击"控制面板"窗口中的"添加/删除程序"图标，在对话框中选择要删除的程序，然后单击"添加/删除"按钮，在确认要删除此程序后，系统自动将程序清除。

③ 直接将文件删除：找到程序安装的目录，直接删除。但用这种方法删除并不好，因为软件在安装时往往还要向 Windows 的系统目录和注册表复制一些信息，直接删除的方法不能将安装文件全部清除干净。

实验任务三　系统安全和病毒防治

任务知识点

- 系统安全。
- 防病毒软件。
- 防火墙。

目标和要求

- 学会系统安全和病毒的防范。
- 学会启用 Windows 7 防火墙。

操作步骤

1. 系统安全

① 更新系统补丁。这是一个很需要的操作，若系统安全补丁未更新，网络上的黑客可能会侵入到计算机。

② 安装防病毒软件，并开启其防火墙，注意经常升级。

③ 使用 NTFS 文件系统。NTFS 文件系统是一个安全性很高的文件系统，如果能够充分利用好该文件的安全功能，可以在很大程度上保证系统的安全性，而且 NTFS 文件系统拥有比 FAT32 文件系统更优秀更强大的性能。

④ 建议禁止光盘与其他可移动磁盘（如移动硬盘和闪存盘）的自动运行功能，而且还要注意，在插入新的可移动设备（包括光盘、移动硬盘和闪存盘等）的时候，先使用杀毒软件对其进行杀毒，确认安全后方可打开。尽管系统补丁已更新，但是系统补丁一般只防范网络上的攻击，对于可移动设备的防范能力不强。不过现在有不少的防病毒软件如 360 杀毒，在插入可移动设备的时候已经会自动对它进行扫描了。

⑤ 尽量不要用来历不明的软件，因为这样很容易会中毒；同时也尽量不要浏览不知名的网站，尤其是非法网站，因为这类网站可能包含恶意代码。同时，一定要打开防病毒软件或其他安全类软件的网页防病毒功能，以防病毒通过网页进行传播。

2. 启用 Windows 7 的防火墙

① 在"控制面板"窗口中选择"系统和安全"分类，启用 Windows 防火墙设置。

② 在"家庭或工作网络位置设置"和"公用网络位置设置"的选项中都选择"启用 Windows 防火墙"单选按钮，如图 1-24 所示。

③ 单击"确定"按钮，开启 Windows 7 的防火墙功能。

图 1-24　"Windows 防火墙"对话框

实验任务四　常见系统故障处理和系统优化

任务知识点

系统故障的原因。

目标和要求

学会处理系统的简单故障。

操作步骤

1. 系统还原操作

系统还原是 Windows 7 中相当有用的工具，如果误删了文件、计算机出现各种故障（如注册表意外被锁），甚至系统已经完全崩溃时，使用系统还原功能就能将系统恢复到更改之前的状态。

（1）准备工作和创建还原点

① 确认 Windows 7 是否开启了该功能。右击"计算机"图标，在弹出的快捷菜单中选择"属性"命令，选择对话框中的"系统保护"选项卡，确保"在所有驱动器上关闭系统还原"复选框未选中，确保"需要还原的分区"处于"监视"状态。

② 单击"创建"按钮，创建系统还原点，如图 1–25 所示。

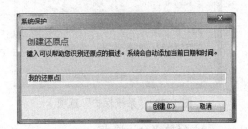

图 1–25　创建还原点

（2）系统还原

右击"计算机"图标，在弹出的快捷菜单中选择"属性"命令，选择"系统保护"选项卡，单击"系统还原"按钮，打开"系统还原"对话框（见图 1–26），选择"一个还原点"选项，单击"下一步"按钮，直至单击图 1–27 所示的"完成"按钮，即可开始系统还原。

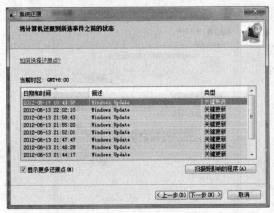

图 1–26　选择还原点

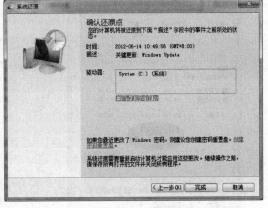

图 1–27　确认还原点

需要注意的是：由于恢复还原点之后系统会自动重新启动，因此操作之前建议大家退出当前运行的所有程序，以防止重要文件丢失。

2. 系统还原功能高级操作

（1）设置系统还原磁盘空间

系统还原功能会占用大量硬盘空间，可以通过"系统保护"中的"配置"功能来保证硬盘空间。单击"配置"按钮（见图 1–28），在弹出对话框中拖动"最大使用量"的进行空间大小的调节（见图 1–29）。

图 1-28 "系统保护"选项卡

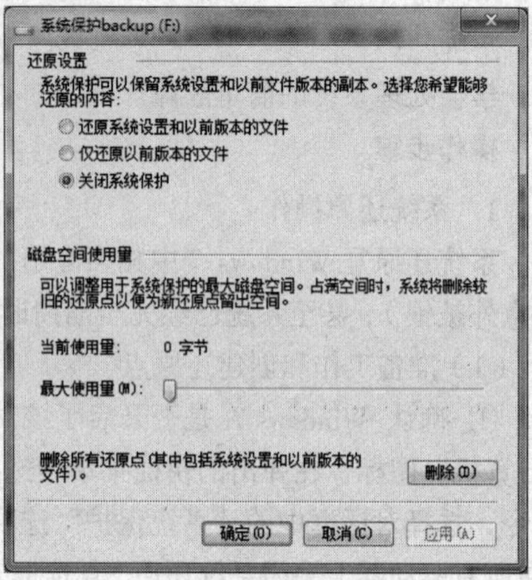

图 1-29 系统保护磁盘空间调整

（2）释放多余还原点

Windows 7 中还原点包括系统自动创建和用户手动创建的还原点。随着使用时间加长，还原点会增多，硬盘空间减少，此时，可释放多余还原点。打开"计算机"窗口，选中磁盘后右击，在弹出的快捷菜单中选择"属性"命令，在对话框中选择"常规"选项卡，单击"磁盘清理"按钮（见图 1-30），在弹出的对话框中选择"其他选项"选项卡（见图 1-31），在"系统还原和卷影复制"选项区域单击"清理"按钮。

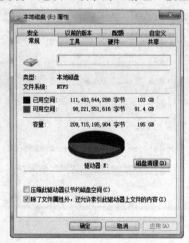

图 1-30 磁盘清理

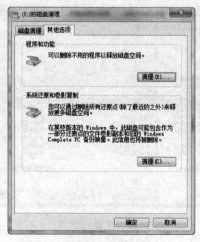

图 1-31 "其他选项"选项卡

（3）自定义"系统还原"空间的大小

默认情况下 Windows 7用于"系统还原"的空间最大为 12%，但可以通过修改注册表来更该这个值。

① 运行注册表编辑器命令：regedit。

② 依次展开 HKEY_LOCAL_MACHINE\SOFTWARE\Microsoft\WindowsNT\CurrentVersion\SystemRestore 分支，在右侧窗口中可以看见两个 DWORD 值 DSMax 和 DSMin（见图 1-32），分别代表系统还原的最大和最小磁盘空间，直接修改它们的键值即可。该分支下还有一个名为 DiskPercent

的 DWORD 值，它表示要为系统还原分配的磁盘空间百分比，默认值为 12%，可以根据需要对其适当调整。

3. 系统还原功能失败的处理

系统还原功能是在 Windows 7 中操作的，如果不能进入 Windows 7 系统，可以通过如下方法解决：

（1）安全模式运行系统还原

如果 Windows 7 能进入安全模式，可在安全模式下进行系统恢复。

① 选择"开始"/"程序"/"附件"/"系统工具"/"系统还原"命令，在弹出的对话框中选择"恢复我的计算机到一个较早的时间"选项。

② 单击"下一步"按钮选择一个还原点，单击"确定"按钮后系统即会重启并完成系统的还原。

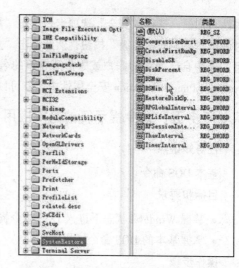

图 1-32　自定义"系统还原"空间的大小

（2）DOS 模式进行系统还原

如果系统无法进入安全模式，则在启动时按【F8】键，选择 SafeModewithCommandPrompt 选项，用管理员身份登录，进入 windows\system32\restore 目录，找到 rstrui 文件，直接运行 rstrui 文件，按照提示操作即可。

注意：在上述两种模式中无法进行新还原点的创建工作。另外，为保证系统还原的正常进行，请务必关闭所有的后台运行程序，尤其是杀毒软件和防火墙。

（3）在丢失还原点的情况下进行系统还原

在 Windows 7 中预设了 SystemVolumeInformation 文件夹，通常是隐藏的，它保存了系统还原的备份信息。

① 打开查看"显示所有文件和文件夹"属性，取消"隐藏受保护的系统文件"的选择，会在每个盘中看到 SystemVolumeInformation 文件夹（见图 1-33）。利用这个文件夹可以进行数据恢复。

② 右击"计算机"图标，在弹出的快捷菜单中选择"属性"/"系统还原"命令，在弹出的对话框中取消"在所有驱动器上关闭系统还原"复选框，单击"应用"按钮。这样做是为了重建一个还原点。

名称	修改日期	类型	大小
$Recycle.Bin	2012/3/2 16:58	文件夹	
360Rec	2012/3/14 16:51	文件夹	
360SANDBOX	2012/4/13 3:19	文件夹	
Documents and Settings	2009/7/14 13:08	文件夹	
Intel	2012/3/2 18:53	文件夹	
MSOCache	2012/3/2 19:56	文件夹	
PerfLogs	2009/7/14 11:20	文件夹	
Program Files	2012/3/4 14:08	文件夹	
Program Files (x86)	2012/4/9 20:02	文件夹	
ProgramData	2012/4/12 23:10	文件夹	
Recovery	2012/3/2 16:58	文件夹	
System Volume Information	2012/4/13 9:27	文件夹	
Windows	2012/4/12 7:29	文件夹	
用户	2012/3/2 16:58	文件夹	
hiberfil.sys	2012/4/13 3:19	系统文件	3,033,260...
issetup	2012/3/3 0:25	文本文档	1 KB
pagefile.sys	2012/4/13 3:19	系统文件	4,044,348...
setuplogfile	2012/3/2 22:22	系统文件	1 KB

图 1-33　SystemVolumeInformation 文件夹

③ 选择"系统还原"命令，就可以找到丢失的还原点了。

④ 上面的步骤是针对 FAT32 分区，如果系统分区为 NTFS，那么在启动 SystemVolume Information 文件夹时会遇到一点麻烦。若未被加入到 SystemVolumeInformation 安全属性中，访问不到该文件。右击该文件夹，在弹出的快捷菜单中选择"属性"命令，打开 SystemVolumeInformation

属性对话框，选择"安全"选项卡，单击"添加"按钮，打开"选择用户或组"对话框，单击该对话框右下角的"高级"按钮，然后单击"立即查找"按钮，这时会列出计算机上所有的用户和组，选中自己当前的账户或账户所在组的名称后单击"确定"按钮。这样选中的账户被添加到 SystemVolumeInformation 安全属性中，就可以访问该文件夹了。

实验任务五　命令提示符的基本应用

任务知识点

基本 DOS 命令。

目标和要求

- 掌握 Windows 状态下进入 DOS 命令提示符的基本方法。
- 掌握基本的 DOS 命令。

操作步骤

1. 进出命令提示符环境的基本方法

① 单击"开始"按钮，选择"所有程序"/"附件"/"命令提示符"命令，即可启动"命令提示符"。系统默认的当前位置是 C 盘下的"我的文档"。

② 在命令提示符环境下，输入 exit，按【Enter】键，可以退出命令提示符环境。

③ 在 Windows 环境下，按键盘上的 Windows 旗标键+R 键，在打开的"运行"对话框中输入 cmd（见图 1-34），按【Enter】键，同样可以进入命令提示符环境。

图 1-34　"运行"对话框

2. DOS 命令的使用

在 DOS 命令后，输入/ ?可以显示该命令的用法。例: DIR /?

使用上述方法获取下列命令的用法，将使用说明复制到"DOS 命令.txt"文件中，并将文件保存到实验二创建的 02 文件夹中。要求了解使用方法的 DOS 命令为:

cd、copy、del、deltree、dir、mem、type、rd、ren、cls

实验任务六　造字程序的使用

任务知识点

- 汉字编码。
- 汉字字形与结构。

目标和要求

- 学会使用 Windows 7 造字程序生成特殊的汉字字形。
- 利用汉字区位码输入生成的汉字字形。

操作步骤

1. 任务描述

利用造字程序在汉字编码表的 AAA1 代码位上生成宋体的汉字"壴"。

2. 操作指导

（1）生成汉字字形

① 打开造字程序，选择"开始"/"程序"/"附件"/"系统工具"/"专用字符编辑程序"命令。

② 选取代码，在造字程序主窗口选取四位代码，说明一下这四位代码是国标区位输入法的输入代码。可以选择横坐标 0~9、A~F 的一位代码，纵坐标首代码为 A~F 的二位代码组成的一个四位码。如图 1-35 所示。

（2）开始造字

选定代码后，进入程序主界面，软件提供了两种造字的方法：一种是根据软件提供的绘制工具，进行手工造字，此法与画图板的使用方法相同，如图 1-36 所示。

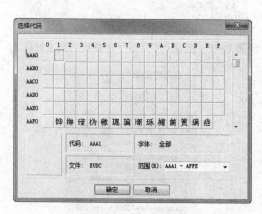

图 1-35　造字程序主窗口

图 1-36　手工造字

另一种方法是用现有的代码组合成新的代码，此为最常用的方法。以"亳"字为例：

① 选择"窗口"/"参照"命令（见图 1-37）。

② 弹出"参照"对话框后，单击"字体"按钮，在弹出的对话框中设置字体（见图 1-38）。

图 1-37　窗口工具栏选择参照工具

③ 使用输入法输入一个包含有相同结构偏旁部首的字符作为第一个部件（见图 1-39）。

④ 单击"确定"按钮后，进入主工作区，如图 1-40 所示。

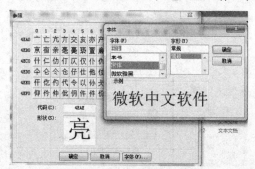

图 1-38　选择字体

图 1-39　相同结构偏旁部首的字符

⑤ 用自由图形选择工具，选取字形的上半部分，并将其拖入到主窗口（见图 1-41）。

⑥ 采用相似方法选择"窗口"/"参照"命令，完成下半部分字形（见图 1-42）。

⑦ 最后完成的结果如图 1-43 所示。

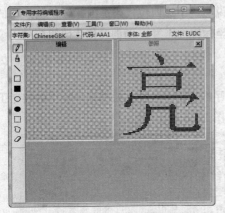

图 1-40　进入主工作区

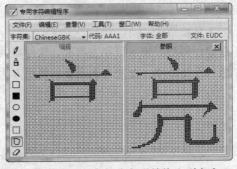

图 1-41　选取上半部分字形并拖入到主窗口

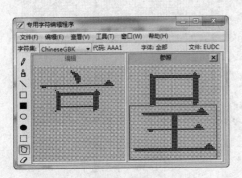

图 1-42　选取下半部分字形

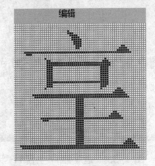

图 1-43　完成的结果

⑧ 选择"编辑"/"保存字符"命令（见图 1-44），或者选择【Ctrl+S】组合键，将字符保存入 Windows 字库里。

（3）使用生成的汉字

造好的文字可以在所有软件中输入。在输入时，需要把输入法在语言栏中调整为中文内码输入法，如图 1-45 所示。

图 1-44　保存字符

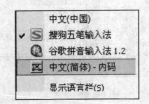

图 1-45　中文内码输入法

本例中，打开 Word 软件，以中文内码输入法，输入代码：AAA1，生成的汉字"罣"就能显示出来，将该字转换为图片（提示：选中该字，复制到剪贴板，使用"选择性粘贴"命令，以图片形式粘贴到文件中），以文件名为 P-1-2-6.docx 保存到 03 文件夹中。

1.3　综 合 实 验

综合实验一

任务知识点

- 窗口、文件与文件夹。
- 文件类型。

目标和要求

- 熟练掌握窗口、文件与文件夹的操作。
- 熟练掌握快照生成方法。
- 熟练掌握"画图"软件的基本应用。

操作步骤

① 在 E 盘（或由任课教师指定的盘）根目录下创建一个新的文件夹，并以自己的姓名命名。然后在该文件夹中新建 3 个子文件夹，分别命名为 01、02 和 03。

② 在 E 盘（或由任课教师指定的盘）根目录下再新建 2 个不同类型的文件，分别是文本文件 a1.txt 和 Word 文档文件 a2.docx。

③ 给桌面设置一个漂亮的背景，将屏幕上的所有窗口都最小化，然后对当前桌面进行全屏抓图。

④ 打开画图程序，将抓取的桌面粘贴到画图窗口中，并在右下角输入自己的姓名和学号，将文件以 a3.jpg 命令保存在 E 盘（或由任课教师指定的盘）根目录下，完成后关闭画图程序。

⑤ 打开名为 a2.docx 的 Word 文档，在该文件中输入一首唐诗"赠汪伦"，保存并关闭该文件。

⑥ 将 a1.txt 和 a2.docx 移动到 01 的文件夹中。

⑦ 将 01 文件夹重命名为"文学"，将此文件夹中的 a1.txt 重命名为 a1.htm，将 a2.docx 重命名为"唐诗.docx"。

⑧ 将 E 盘（或由任课教师指定的盘）根目录下的 02 文件夹重命名为"图像"，将 a3.jpg 复制到"图像"文本夹中，并重命名为"我的桌面.jpg"，然后将 E 盘（或由任课教师指定的盘）根目录下的 a3.jpg 放到回收站中。

⑨ 将"文学"文件夹中的文件"唐诗.docx"的属性设置为"只读"，然后把"文学"文件夹的属性设置为"隐藏"。

⑩ 在"回收站"中将删除的文件还原，再把"文学"文件夹发送到闪存盘中保存。

综合实验二

任务知识点

- 文件与文件夹的搜索。
- 帮助系统。

目标和要求

- 熟练掌握窗口、文件与文件夹的操作。
- 熟练掌握快照生成方法。
- 熟练掌握常用软件的基本应用。

操作步骤

① 搜索 C:\Windows 及其子目录下字节数在 10 KB～100 KB 之间的.gif 图像文件，并将搜索到的文件复制到由综合实验一生成的"图像"文件夹中。

② 将 Windows 系统中的"录音机"界面复制到"写字板"程序中，并以 Recorder.rtf 为文件名保存在"文学"文件夹中。

③ 将 Windows 中有关"打印文档"的帮助信息窗口中的所有文本内容复制到"记事本"，并以 print.txt 为文件名保存到由综合实验一生成的"文学"文件夹中。

④ 将由综合实验一生成的"图像"文件夹设置为"共享"。

⑤ 在桌面上为 Windows 的媒体播放器 Windows Media Player 和"计算器"创建快捷方式，并将 Windows Media Player 的快捷方式名称重命名为 WMP。将生成的快捷方式复制到由综合实验一生成的 03 文件夹中。

⑥ 设置屏幕分辨率为 1 024×768 像素。设置桌面的背景图案为 Home，图案的显示方式为"拉伸"，设置屏幕保护程序为"三维文字"，文字内容为自己的学号，等待时间为 5 min。将屏幕属性窗口以"我的屏幕.jpg"为文件名保存到由综合实验一生成的"图像"文件夹中。

⑦ 打开"控制面板"窗口，双击"日期和时间"图标，准确地调节当前日期和时间，并将日期和时间的显示设置为带有上下午提示和星期提示的形式。

⑧ 安装一台型号为 HPLaserJet 2000 的本地打印机，并设置打印机名为 HP，端口为 Files，打印测试页到由综合实验一生成的 03 文件夹中。

⑨ 将桌面上的"网上邻居"程序的快捷方式添加到"开始"菜单程序中。调节任务栏的大小和位置，并设置为"自动隐藏"。

⑩ 将由实验生成的以自己的姓名命名的文件夹打包成可自行解压的压缩文件，保存到姓名文件夹中。

第 2 章　Word 2010 应用

2.1　基础实验

实验任务一　文本的创建

任务的知识点

- 汉字的输入。
- 文本的格式化。
- 字体的设置。
- 插入日期和时间。
- 字数的统计。

目标和要求

- 掌握基本的文本创建与编辑技能。
- 掌握文本格式化的基本技能。

操作步骤

1. 任务描述

打开 Word 程序，参照图 2-1 创建文档，并进行格式化处理。

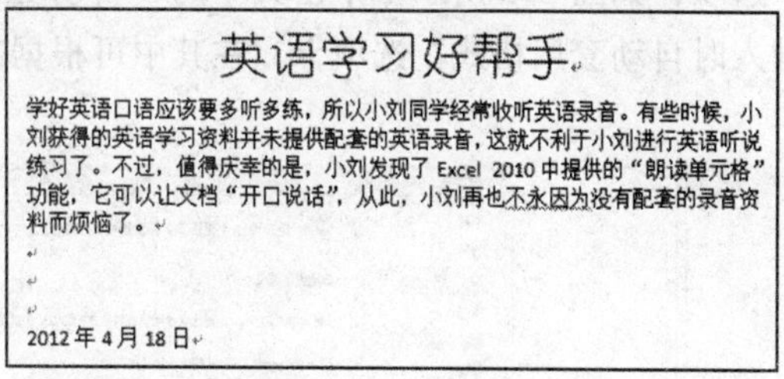

英语学习好帮手

学好英语口语应该要多听多练，所以小刘同学经常收听英语录音。有些时候，小刘获得的英语学习资料并未提供配套的英语录音，这就不利于小刘进行英语听说练习了。不过，值得庆幸的是，小刘发现了 Excel 2010 中提供的"朗读单元格"功能，它可以让文档"开口说话"，从此，小刘再也不永因为没有配套的录音资料而烦恼了。

2012 年 4 月 18 日

图 2-1　效果图

2. 操作指导

（1）新建文档

打开 Word 2010 后，单击"文件"按钮，在下拉菜单中选择"新建"命令，在窗口右侧"可用模版"框中选择"空白文档"模板，单击"创建"按钮，新建一个空白文档。依据图 2-1 的提示输入相应的文字（不考虑排版格式，只输入文字），文档中的日期应为实验时的日期，图中日期仅为示意。

（2）设置标题格式

选中标题文字后，在"开始"功能区"字体"域中的"字体"下拉列表中选择"幼圆"，再在字号下拉列表中设置字号为"28"，然后单击"段落"域中的"居中对齐"按钮使标题居中，效果如图 2-2 所示。

（3）设置字体格式

选中段落中的所有文字，单击"开始"功能区"字体"域右下角的扩展按钮，弹出"字体"对话框（见图2-3）。利用"字体"对话框进行文字的格式设置，如选择"华文细黑"、"小四号"等。

图2-2　设置标题格式

图2-3　"字体"对话框

（4）设置段落格式

选中需要进行格式化处理的文本段落，单击"开始"功能区"段落"域中的各个"格式"按钮进行段落格式化处理，如设置段落中文字的对齐格式为"左对齐"、行距为"1.5 倍"；也可以利用"段落"对话框进行设置：单击"段落"域右下角的扩展按钮，打开"段落"对话框（见图2-4），在"缩进"栏的"特殊格式"下拉列表框中选择"首行缩进"、"2字符"等选项。

（5）使用自动更正选项

在输入的文本"不永因为"下方有一个红色的长横线，这是利用了 Word 2010 的自动更正功能，单击"文件"菜单按钮，在弹出的面板中选择"选项"命令，弹出"Word 选项"对话框，在其左侧窗格中选择"校对"选项，如图2-5所示。单击其中的"自动更正选项"按钮，弹出"自动更正"对话框，选择"键入时自动套用格式"选项卡，在其中可根据需要，按自己的习惯设置相关参数。

图2-4　"段落"对话框

图2-5　"Word 选项"对话框

（6）插入日期和时间

文档末尾的日期也可以这样输入：单击"插入"功能区"文本"域中的"日期和时间"按钮，在"日期和时间"对话框中选择一种"可用格式"（见图 2-6）。

（7）字数统计

单击"审阅"功能区"字数统计"命令可以获得当前文档的字数统计信息（见图 2-7），如果需要了解某个段落的字数信息，只要选中该段落，就能在状态栏中获得统计结果。

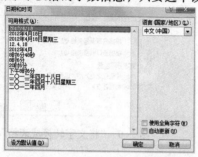

图 2-6　插入日期和时间

图 2-7　"字数统计"对话框

3. 结果保存

① 在 E 盘根目录下创建一个以自己的学号命名文件夹，并在其中创建 word-doc 子文件夹。

② 将编辑完成的文档以 word2-1-1 为文件名保存都新创建的 word-doc 文件夹中。

实验任务二　表格的应用

任务的知识点

- 文本转换为表格。
- 绘制斜线表头。
- 表格的排序和计算。
- 域的更新。

目标和要求

- 根据文本数据制作一个学生成绩统计表。
- 掌握表格制作的基本技能。
- 掌握表格中公式的运用和域更新技能。

操作步骤

1. 任务描述

利用本章实验素材文件\第 2 章\word2-1-2.docx（其中每一项以制表符分隔），将其转换成图 2-8 所示的表格，并进行计算、排序和域更新等操作。

2. 操作指导

（1）文本转换成表格

在 Word 2010 中打开该文本文档，选中全部内容，单击"插入"功能区"表格"域中的"文本转换成表格"按钮，在弹出的对话框"文字分隔位置"栏中选择"制表符"单选按钮（见图 2-9），单击"确定"按钮，生成一个 17 行 ×7 列的表格。

科目 姓名	语文	数学	英语	政治	物理	总分
			2012 年期末考试成绩表			
刘乙	97	7?	87	89	85	432
张戎	80	91	93	90	89	443
陈甲	93	88	86	90	65	422
张三	96	94	84	82	75	431
胡天	77	86	87	90	85	425
赵大	81	98	87	87	87	440
王五	83	78	94	83	86	424
钱二	72	92	86	85	85	420
贾六	86	53	84	87	96	406
钱九	86	53	84	87	96	406
刘七	78	88	87	86	76	417
李海	87	76	93	81	75	412
木树	87	76	93	81	75	412
郭二	87	76	93	81	75	412
李四	78	87	89	86	76	416
周丙	87	62	93	81	75	398

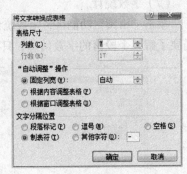

图 2-8　2012 年期末考试的学生统计表　　　　图 2-9　"将文字转换成表格"对话框

（2）调整表格

在表格最上方给表格加一个标题。将光标定位在第一行单元格中，选择"表格工具"/"布局"功能区"行和列"域中的"在上方插入行"命令，可插入一行，选中该行所有单元格，单击"合并"域中的"合并单元格"按钮，并输入标题"2012 年期末考试成绩表"。选中所有单元格后右击，在弹出的快捷菜单中选择"单元格对齐"命令，将表格中单元格的对齐方式全部设置成"垂直居中对齐"，如图 2-10 所示。

（3）绘制斜线表头

将光标定位在第 2 行、第 1 列，单击"插入"功能区"表格"域中的"表格"按钮，在下拉菜单中选择"绘制表格"命令，使鼠标指针变成铅笔形，然后在单元格中画出一条斜线，在斜线的两侧分别输入"科目"和"姓名"，再分别设置其对齐方式为"右对齐"和"左对齐"，如图 2-11 所示。

	语文	英语	数学	政治	物理	总分
			2012 年期末考试成绩表			
刘乙	97	74	87	89	85	432
张戎	80	91	93	90	89	443
陈甲	93	88	86	90	65	422
张三	96	94	84	82	75	431
胡天	77	86	87	90	85	425
赵大	81	98	87	87	87	440
王五	83	78	94	83	86	424
钱二	72	92	86	85	85	420
贾六	86	53	84	87	96	406
钱九	86	53	84	87	96	406
刘七	78	88	87	86	76	417
李海	87	76	93	81	75	412
木树	87	76	93	81	75	412
郭二	87	76	93	81	75	412
李四	78	87	89	86	76	416
周丙	87	62	93	81	75	398

科目 姓名	语文
刘乙	97
张戎	80
陈甲	93
张三	96

图 2-10　调整表格后的效果　　　　　　图 2-11　绘制斜线表头

（4）数据排序

对总分进行排序：选中"总分"列，单击"表格工具"/"布局"功能区"排序"按钮，弹出"排序"对话框（见图 2-12）。设置"主要关键字"为"列 7"，"类型"为"数字"，按照"降序"排列，单击"确定"按钮，表格中的数据按照从高到低的顺序排列，如图 2-13 所示。

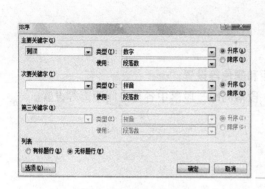

图 2-12　关键字排序

2012 年期末考试成绩表						
科目 姓名	语文	数学	英语	政治	物理	总分
张戎	80	91	93	90	89	443
赵大	81	98	87	87	87	440
刘乙	97	74	87	89	85	432
张三	96	94	84	82	75	431
胡天	77	86	87	90	85	425
王五	83	78	94	83	86	424
陈甲	93	88	86	90	65	422
钱二	72	92	86	85	85	420
刘七	78	88	89	86	76	417
李四	78	87	88	87	76	416
李海	87	76	93	81	75	412
木树	87	76	93	81	75	412
郭二	87	76	93	81	75	412
贾六	86	53	84	87	96	406
钱九	86	53	84	87	96	406
周丙	87	62	93	81	75	398

图 2-13　数据排序结果

（5）计算单科平均数

① 在表格的下方插入一行，在插入行的第一个单元格内输入"平均分"，如图 2-14 所示。

② 将光标定位在该行第二个单元格内，然后单击"表格工具" / "布局"功能区"数据"域中的"公式"按钮，弹出"公式"对话框（见图 2-15）。在"公式"文本框内输入 =SUM(ABOVE)/16 或=AVERAGE(ABOVE)，单击"确定"按钮，计算出语文的平均分，如图 2-16 所示。

刘七	78	88	89
李四	78	87	89
李海	87	76	93
木树	87	76	93
郭二	87	76	93
贾六	86	53	84
钱九	86	53	84
周丙	87	62	93
平均分			

图 2-14　计算单科平均分

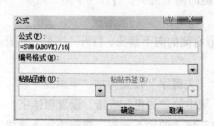

图 2-15　计算公式

2012 年期末考试成绩表						
科目 姓名	语文	数学	英语	政治	物理	总分
张戎	80	91	93	90	89	443
赵大	81	98	87	87	87	440
刘乙	97	74	87	89	85	432
张三	96	94	84	82	75	431
胡天	77	86	87	90	85	425
王五	83	78	94	83	86	424
陈甲	93	88	86	90	65	422
钱二	72	92	86	85	85	420
刘七	78	88	89	86	76	417
李四	78	87	88	87	76	416
李海	87	76	93	81	75	412
木树	87	76	93	81	75	412
郭二	87	76	93	81	75	412
贾六	86	53	84	87	96	406
钱九	86	53	84	87	96	406
周丙	87	62	93	81	75	398
平均分	84.69					

图 2-16　使用"公式"计算平均分

用同样的方法求出其他科目的平均分，也可以按【F4】键重复上次操作。

（6）域的更新

如果发现张三的语文成绩输入错了，那么将他的分数改过来后，总分和平均分不会自动修改，需选中张三的总分所在的单元格并右击，在弹出的快捷菜单中选择"更新域"命令，总分被改过来。用同样的办法也可以更新平均分。

（7）保存结果

将实验结果以 word2-1-2 为文件名，保存到本章实验任务一创建的 word-doc 文件夹中。

实验任务三　文档的基本格式化

任务的知识点

- 字符格式化：字体、字形、字号、字符间距和颜色等设置。
- 段落格式化：段落的缩进方式、对齐方式、段落间距、段落中各行之间距离等设置。

目标和要求

- 掌握文档格式化处理的一般规律。
- 掌握字符、段落格式化处理的基本技能。

操作步骤

1. 任务描述

打开本章实验素材文件\第 2 章\word2-1-3.docx，按照下述要求进行格式化处理，结果保存到 word-doc 文件夹中。

2. 操作指导

（1）字符格式化

① 字体设置。将文档以"世界上…"开头的第 7 自然段的字符字体设置为"华文行楷"、以"尽管…"开头的第 8 自然段设置为繁体字显示。具体操作步骤如下：

a. 选中第 7 自然段。

b. 单击"开始"功能区"字体"域中"字体"列表框右侧的向下箭头，打开"字体"列表。从"字体"列表中选择所需的字体。

c. 选中第 8 自然段。

d. 单击"审阅"功能区"中文简繁转换"域中的"简转繁"按钮。

② 字号设置。将第 1 自然段的字符设置为"黑体"、"三号"字，具体操作步骤如下：

a. 选中第 1 自然段。

b. 单击"开始"功能区"字体"域中的字体列表框右侧的向下箭头，打开"字体"列表，从中选择"黑体"字。

c. 单击"开始"功能区"字体"域中的字号列表列表框右侧的向下箭头，打开"字号"列表。从"字号"列表中选择"三号"。

③ 字形设置。将文档中的"摘要"设置为"加粗"、"关键字"设置为加"下画线"：

a. 选中"摘要"两字，单击"开始"功能区"字体"域中的"加粗"按钮，设置粗体字。

b. 选中"关键字"三字，单击"开始"功能区"字体"域中的"下画线"按钮添加下画线。

c. 选中文本后单击"开始"功能区"字体"域中的"字符边框"按钮可以给文本加边框。

d. 选中文本后单击"开始"功能区"字体"域中的"字符底纹"按钮可以给字符添加底纹。

④ 字体颜色设置。将文档中的摘要的内容的字颜色设置为红色：

a. 选中第 5 自然段摘要的内容。

b. 单击"开始"功能区"字体"域中的"字体颜色"按钮右侧的向下箭头，在打开的"字体颜色"列表中选择指定的颜色。

（2）使用"字体"对话框设置字符格式

将以"从 1060 年…"开始的第 9 自然段至以"在计算机…"开头的第 11 自然段中的所有汉字设置为"五号"、"华文楷体"，所有的英文字符设置为"五号"、DotumChe。设置所有的字符间距为"加宽 1 磅"。

① 设置各种字符格式。操作步骤如下：

a. 选中第 9 至第 11 自然段的全部字符。

b. 单击"开始"功能区"字体"域右下角的扩展按钮（或按【Ctrl+D】组合键），打开"字体"对话框，如图 2-13 所示。

c. 在"字体"对话框的"字体"选项卡中，分别设置"中文字体"为"华文楷体"、"英文字体"为 DotumChe。设置"字形"为"常规"、"字号"为"五号"。

d. 单击"确定"按钮完成设置。

② 设置字符间距。操作步骤如下：

a. 打开"字体"对话框。选择"字符间距"选项卡。

b. 在"间距"框中选择"加宽"、"磅值"为"1"。

c. 单击"确定"按钮完成设置。

（3）段落格式化

将第 1、2、3、4 自然段设置为"两端对齐"，将摘要内容所在第 5 自然段设置为：左右缩进 4 字符、1.25 倍行距，首行缩进 2 字符；将以"如冯·诺依曼…"开头的第 12 自然段和以"除他之外…"开头的第 13 自然段设置为"首行缩进 2 字"、"两端对齐"、行距 1.25 倍、段前段后 0.5 行。

① 设置段落对齐方式，利用"段落"命令按钮设置对齐方式，操作步骤如下：

a. 选择第 12 自然段。

b. 单击"开始"功能区"段落"域中"两端对齐"按钮，设置段落对齐方式为两端对齐。

c. 单击"开始"功能区"剪贴板"域中的"格式刷"按钮，复制段落格式。

d. 用格式刷选中第 3、4 自然段，将格式刷中的格式应用到选中的段落上。

② 设置段落缩进方式与行距。操作步骤如下：

a. 选中摘要内容所在的第 5 自然段。

b. 单击"开始"功能区"段落"域右下角的扩展按钮，打开"段落"对话框。

c. 选中"缩进和间距"选项卡，设置左右各缩进 2 字符。

d. 在"行距"栏中选择"多倍行距"，在"设置值"栏中输入 1.25，设置 1.25 倍行距。

e. 单击"确定"完成设置。

f. 选中摘要内容段落，再次打开"段落"对话框。在"特殊格式"框中选择"首行缩进"，在"磅值"栏中选择"2 字符"，单击"确定"按钮完成设置。

③ 设置段落间距与行距。操作步骤如下：

a. 选中第 12、13 自然段。

b. 单击"开始"功能区"段落"域右下角的扩展按钮，打开"段落"对话框。

c. 选中"缩进和间距"选项卡，在"间距"栏的"段前"、"段后"框中分别选择"0.5 行"。

d. 在"行距"栏中选择"多倍行距"，在"设置值"栏中输入 1.25，设置 1.25 倍行距。

e. 在"特殊格式"框中选择"首行缩进"，在"磅值"栏中选择"2 字符"。

f. 单击"确定"按钮完成设置。

（4）文档保存

将完成格式化操作的文档以同名文件保存到本章实验任务一创建的 word-doc 文件夹中。

实验任务四　查找/替换操作的应用

任务的知识点

Word 的查找与替换。

目标和要求

掌握查找与替换操作。

操作步骤

1. 任务描述

删除 word2-1-3.doc 文档中的所有空格和重复的回车符，将文中所有的"计算机"设置为黑体、红色显示，并添加双下画线。

2. 操作指导

（1）查找文本

要在文档中查找特定的文本，可以按照下列步骤进行：

① 单击"开始"功能区"编辑"域中的"查找"按钮，在下拉菜单中选择"查找"命令，或直接按【Ctrl+F】组合键，弹出图 2-17 所示的"查找和替换"对话框，选择"查找"选项卡。

② 在"查找内容"文本框中输入要查找的文本内容。

③ 单击"查找下一处"按钮开始查找。当 Word 2010 找到相匹配的内容时，会在文档中反白显示出找到的文本。此时，若在文档中找到的文本处单击，即可对其进行所需的修改。

图 2-17　"查找和替换"对话框

④ 再次单击"查找下一处"按钮，可继续查找文档中其他位置的相同内容。

⑤ 查找完毕后，单击"取消"按钮或按【Esc】键关闭对话框。

⑥ 若在关闭了"查找和替换"对话框后，还需要继续查找相同的内容，可以随时在编辑过程中按【Shift + F4】组合键进行查找搜索。

（2）替换文本

替换文本是在查找文本的基础上，将找到的文本替换为指定的文本。

① 打开实验任务三中保存的 word2-1-3.docx 文件。

② 单击"开始"功能区"编辑"域中的"替换"按钮，或直接按【Ctrl+H】组合键，弹出图 2-18 所示的"查找和替换"对话框，选择"替换"选项卡。

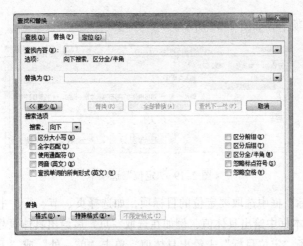

图 2-18　"替换"选项卡

③ 在"查找内容"文本框中输入要查找的内容"空格"。

④ 在"替换为"文本框中输入要替换为的新内容，本例中只要留空即可。

⑤ 单击"全部替换"按钮，即可将文中所有的空格删除。

⑥ 在"查找内容"文本框中输入要查找的内容"计算机"。

⑦ 单击"更多"按钮，打开扩展选项（见图 2-18）。

⑧ 单击"替换为"文本框，聚焦替换内容（此项操作至关重要，否则将发生错误）。单击"格式"按钮，在弹出的菜单中选择"字体"命令，打开"字体"对话框。

⑨ 在"字体颜色"栏中选择红色，"下画线线型"栏中选择双下画线，单击"确定"按钮完成格式设置。

⑩ 单击"全部替换"按钮，即可将文中所有的"计算机"设置为红色带双下画线的格式。

（3）查找特殊字符——删除重复的回车符

① 单击"开始"功能区"编辑"域中的"替换"按钮，或直接按【Ctrl+F】组合键，打开"查找和替换"对话框，选择"替换"选项卡。

② 单击"更多"按钮，打开扩展选项部分。

③ 单击"查找内容"文本框，使光标聚焦在查找内容文本框中。

④ 单击"特殊格式"按钮，两次选择"段落标记"选项，即在"查找内容"文本框中输入了两个回车符。

⑤ 单击"替换为"文本框，使光标聚焦在查找内容文本框中。

⑥ 单击"特殊格式"按钮，选择"段落标记"选项，即在"查找内容"文本框中输入了一个回车符。

⑦ 单击"全部替换"按钮，即可将文中连续两个的回车符替换为单个回车符。

⑧ 将操作完成的文档以 word2-1-4.doc 为名保存到本章实验任务一创建的 word-doc 文件夹中。

（4）定位

在"查找和替换"对话框中还有一张"定位"选项卡，利用它可以快速地将插入点定位到文档中指定的某一项、某一节、某一个图形或某一张表格的位置。操作步骤如下：

① 打开"查找和替换"对话框，选择"定位"选项卡，或直接按【Ctrl+G】组合键，打开对

话框中的"定位"选项卡，如图 2-19 所示。

图 2-19 "定位"选项卡

②　在"定位目标"框中选取要定位的目标项，如选择页、节、行、书签、表格、图形、公式等。并在随后的文本框中给出具体值，例如在选取"页"后给出具体页号。

③　如果仅选取了"定位目标"未给出具体值，单击"前一处"或"下一处"按钮可在当前位置处进行前后定位。

实验任务五　文档中添加图形的操作

任务的知识点

- 剪贴画和图片的插入。
- 图片大小和位置调整。
- 图片版式的设置。
- 图像控制。

目标和要求

- 掌握文件图片、剪贴画的插入技能。
- 掌握图文混排的基本技能。

操作步骤

1. 任务描述

打开本章实验素材文档\第 2 章\word2-1-5.docx，按图 2-20 所示进行图文混排的操作。

图 2-20　图文混排样张效果

2．操作指导

（1）插入文件中的图片

① 光标定位到要插入图片的位置，单击"插入"功能区"文本"域中的"图片"按钮，打开"插入图片"对话框。

② 在"插入图片"对话框中选择图片所在的文件夹，选中图片文件后单击"插入"按钮即可。

（2）插入剪贴画

① 光标定位到要插入图片的位置，单击"插入"功能区"文本"域中的"剪贴画"按钮，在屏幕右侧弹出"剪贴画"任务窗格。

② 在任务窗格的"搜索文字"输入栏输入关键字或直接单击"搜索"按钮，在任务窗格选择所需的剪贴画后双击，剪贴画就被插入到光标处。

③ 调整剪贴画的位置：选中图片后单击"图片工具"/"格式"功能区"排列"域中的"对齐"按钮，在下拉菜单中（见图 2-21），选择对齐的方式。单击"格式"功能区中的其他按钮，可以调整图片的版式、大小和边框等。

图 2-21　图片工具/格式功能区

（3）调整图片的大小和位置

① 选中的图片的周围有一些黑色的小正方形，这些称为尺寸句柄。把鼠标指针放到上面，鼠标指针就变成了可拖动的形状，此时按下左键拖动鼠标，就可以改变图片的大小了。

② 图片裁剪：选中图片，单击"图片工具"/"格式"功能区"大小"域中的"裁剪"按钮（见图 2-21），鼠标指针变成裁剪形状。这时，在图片的尺寸句柄上按下左键，再拖动鼠标指针向图片内移动形成虚线框，放开鼠标后，就可以把虚线框以外的部分裁掉。

（4）设置图片的版式

① 选中图片，单击"图片工具"/"格式"功能区"排列"域中的"位置"按钮，在下拉菜单中"文字环绕"框中选择一种文字方式，若选择"四周型环绕"，文字就在图片的周围排列。

② 文字不仅仅能在图片周围绕排，还有多种版式可供选择。若在"布局"对话框中选择"衬于文字下方"图标时，图片退到文字后面变成背景。在这种版式下，图片可以随意地移动，安放到任意的位置。

（5）图像控制

① 作为背景图，不能有太高的对比度，可以单击"图片工具"/"格式"功能区"调整"域中"对比度"按钮，降低对比度。

② 图片对比度降低了，如果颜色太深，可以单击"图片工具"/"格式"功能区"调整"域中"亮度"按钮，增加亮度。

（6）文档保存

完成所有实验任务后，以同名文件保存到本章实验任务一创建的 word-doc 文件夹中。

2.2 提 高 实 验

实验任务一 页眉页脚与公式的应用

任务的知识点

- 页眉和页脚的设置。
- 公式的制作。
- 域与域名。

目标和要求

- 掌握页眉和页脚的设置。
- 掌握在文档中插入域名的基本方法。
- 掌握文档中插入公式的方法。

操作步骤

1. 页眉和页脚的设置

（1）任务描述

在完成基础实验的实验任务二的文档上，添加页眉页脚信息。在页眉上以两端对齐的格式添加文档名称、学号、姓名，在页脚上以居中格式添加页码/页数。

（2）操作指导

① 打开基础实验的实验任务二中保存的文档 word2-1-2.docx。

② 单击"插入"功能区"页眉和页脚"域中的"页眉"按钮，在下拉菜单中选择"编辑页眉"命令，进入页眉编辑区，文档正文部分灰色显示，同时显示"页眉和页脚工具"功能区（见图 2-22）。

图 2-22 "页眉和页脚工具"功能区

③ 光标定位在页眉编辑区（见图 2-23），单击"页眉和页脚工具"功能区 "插入"域中的"文档部件"按钮，在下拉菜单中选择"域"命令，打开"域"对话框（见图 2-24）。在"域"对话框中依次设置"类型"为"文档信息"、"域名"为 FileName，单击"确定"按钮将文档路径与名称插入到了页眉上。

④ 插入一些空格后，依次输入学号与姓名，单击"开始"功能区"字体"、"段落"域中的格式按钮对页眉的字体和段落格式进行设置（字体、字号、对齐方式、边框底纹等），在正文区双击或单击"页眉和页脚工具"功能区中"关闭页眉和页脚"按钮，即可退出页眉和页脚的编辑。

⑤ 单击"插入"功能区"页眉和页脚"域中的"页脚"按钮，在下拉菜单中选择"编辑页脚"命令，进入页脚编辑区，文档正文部分灰色显示，同时显示"页眉和页脚工具"功能区。

⑥ 光标定位在页脚编辑区，单击"插入"功能区"页眉和页脚"域中的"页码"按钮，在下拉菜单中选择"当前位置"/"加粗显示数字"命令，插入页码/总页数。单击"开始"功能区

的"字体"、"段落"域中的格式按钮对页眉的段落格式进行设置（字体、字号、对齐方式、边框底纹等）。在正文区双击或单击"页眉和页脚工具"功能区"关闭"域中"关闭页眉和页脚"按钮，即可退出页眉和页脚的编辑。

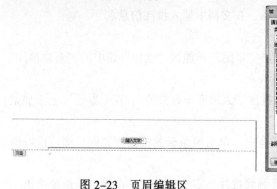

图 2-23　页眉编辑区

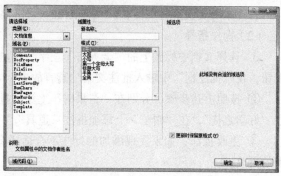

图 2-24　"域"对话框

⑦ 创建奇偶页不同的页眉和页脚：单击"页眉和页脚工具"功能区"选项"域中的"奇偶页不同"复选框（见图 2-25），在页眉或页脚编辑区可分别设置"奇数页页眉"、"奇数页页脚"或"偶数页页眉"、"偶数页页脚"。

⑧ 设置页码格式：单击"插入"功能区"页眉和页脚"域中的"页码"按钮，在下拉菜单中选择"设置页码格式"命令，在弹出的"页码格式"对话框中选择合适的编号格式和页码编号。

⑨ 保存文档：将完成了页眉页脚设置的文档以 word2-2-1.docx 保存到本章实验任务一创建的 word-doc 文件夹中。

2. 在文档中插入公式

（1）任务描述

打开上述实验完成后保存的文档 word2-2-1.docx，光标定位在文档末尾，插入如图 2-25 所示公式。

$$(arccotx)' = -\frac{1}{1+x^2}$$

图 2-25　插入文档中的公式最终效果

（2）操作指导

① 打开指定文档后，将光标定位在文档的末尾，单击"插入"功能区"符号"域中的"公式"按钮，打开公式模板工具栏，利用公式模板工具栏提供的公式模板输入指定公式的各个字符。

② 文档保存：完成公式插入操作后，以同名文件保存到本章实验任务一创建的 word-doc 文件夹中。

实验任务二　文档批注、审阅和邮件合并

任务的知识点

- 批注。
- 文稿审阅。
- 邮件合并。

目标和要求

- 掌握添加、删除批注的基本操作。
- 掌握文稿审阅意见的添加、接受与拒绝的技能。
- 掌握邮件合并的基本技能。

操作步骤

1. 批注的建立、修改和删除

（1）任务描述

打开本章实验素材文档\第 2 章\word2-1-5.docx，在文档中插入批注信息。

（2）操作指导

① 选择文档中标题上的"老人言"三字，单击"审阅"功能区"批注"域中的"新建批注"按钮，在"批注框"中输入批注文本"寓言故事"。

② 按照上述步骤，分别在"芒果树"上添加批注"大树底下好乘凉"，在"猴子"上添加批注"好学之徒"，在"帽子"上添加批注"道具"。

③ 更改批注：如果发现添加的批注不合适或有误，单击要编辑的批注框的内部即可进行所需的更改。

④ 删除批注：如果发现添加的批注不合适要删除批注，右击该批注，在弹出的快捷菜单中选择"删除批注"命令。若要删除文档中的所有批注，单击文档中的一个批注，单击"审阅"功能区"批注"域中的"删除"按钮，在下拉菜单中选择"删除文档中的所有批注"命令。

2. 审阅修订

① 单击"审阅"功能区"修订"域中的"修订"按钮，设置审阅修订状态。

② 利用"替换"命令将第 2、3、4 自然段中的"他"替换为"年轻人"；在第 2 自然段尾添加"他在大树周围四处找寻，怎么也找不到他的帽子。"

③ 如果要改变审阅修改时的外观，可以单击"审阅"功能区"修订"域中的"修订选项"按钮，在"修订选项"对话框中进行设置。

④ 如果要确认或拒绝修订的内容，可在选中一个修改项后，单击"审阅"功能区"更改"域中的"接受"或"拒绝"按钮。

⑤ 保存文档：完成全部审阅任务后，将文档以 word2-2-2.docx 为名保存到本章实验任务一创建的 word-doc 文件夹中。

3. 邮件合并

（1）任务描述

生成如图 2-26 所示的主文档，利用已有列表（list.txt）自动打印所有理事的聘书，要求：聘书大小 25.5 cm×18.4 cm，左右各为 3.5 cm，上为 7 cm，下为 3.5 cm；理事会名单与职务存储在列表文件（list.txt）上；文字内容如图 2-26 所示。

聘任×××同志为：
计算机学会计算机基础教育分会第三届理事会×××××××××××。
计算机学会计算机基础教育分会
×××年××月××日

图 2-26　主文档内容与形式

（2）具体操作

① 创建主文档：单击"文件"按钮，在下拉菜单中选择"新建"命令，创建一个新文档，按任务要求定义页面大小、页边距，并输入除"×××"之外的所有文本，"×××"处留空。

② 单击"邮件"功能区"开始邮件合并"域中的"开始邮件合并"按钮，在下拉菜单中选

择"邮件合并分步向导"命令，在打开的"邮件合并"任务窗格中"选择收件人"区域中选择"信函"单选按钮，并单击"下一步：正在启动文档"链接，在"选择开始文档"中选择"使用当前文档"单选按钮，单击"下一步：选取收件人"链接，在"选择收件人"栏中选择"使用现有列表"单选按钮，单击"下一步：撰写信函"链接，打开列表文档 list.txt。

③ 光标移至第一个"×××"处，单击"邮件"功能区"编写和插入域"域中"插入合并域"按钮，在下拉菜单中选择命令，打开"插入合并域"对话框，选择"姓名"域后单击"插入"按钮；光标移至第二个"×××"处，再次单击"邮件"功能区"编写和插入域"域中"插入合并域"按钮，在下拉菜单中选择命令，打开"插入合并域"对话框，选择"职务"域后单击"插入"按钮。

④ 光标移至年月日处，单击"插入"功能区"文本"域中"日期和时间"按钮，插入当前的日期。

⑤ 利用"开始"功能区的相关按钮对信函进行格式化处理。单击"邮件"功能区"预览结果"域中的"预览结果"按钮，单击"上一记录"/"下一记录"按钮，可以查看合并结果。

⑥ 单击"邮件"功能区"文本"域中"完成并合并"按钮，在下拉菜单中选择"编辑单个文件"命令，在弹出的对话框中选择"全部"选项，生成合并后的全部信函文档。

⑦ 文档保存：将主文档以 word2-2-21.docx 为文件名，保存到本章实验任务一创建的 word-doc 文件夹中；将合并后的信函文档以 word2-2-22.docx 为文件名，保存到本章实验任务一创建的 word-doc 文件夹中。

实验任务三　文档目录、标引的设置

任务的知识点

- 文档目录。
- 文档标引。

目标和要求

- 掌握文档目录制作的基本技能。
- 掌握文档标引的基本操作。

操作步骤

1. 设置目录

（1）任务描述

在给定的实验素材文档\第 2 章\word2-1-3.docx 中添加标题，并生成目录。

（2）操作指导

① 打开本章实验素材文档\第 2 章\word2-1-3.docx，按照"样张 2-2-3.PNG"，在第一自然段之前添加"1. 第一台计算机"，在第三自然段前添加"2. 计算机的"代""，在第六自然段前添加"3. 冯·诺依曼"，在第九自然段前添加"4. 未来的计算机"，作为文档的小标题。

② 单击"视图"功能区"文档视图"域中的"大纲视图"按钮。

③ 光标定位到第一行"计算机科学发展简况"，在"大纲"功能区"大纲工具"域中单击 按钮，设置为"1 级"大纲。其他文本全部设置为"正文文本"。

④ 光标定位到"摘要"行，在"大纲"功能区"大纲工具"域中单击左右箭头，设置为"2 级"大纲。以同样的操作，将文档中添加的小标题设置为"2 级"大纲，将"参考文献"设置为

"2 级"大纲，其他文本全部设置为"正文文本"。

⑤ 关闭大纲视图：设置完成后，单击"大纲"功能区"关闭"域中的"关闭大纲视图"按钮，回到页面视图。

⑥ 单击"视图"功能区"显示"域中的"导航窗格"按钮，查看文档结构。

2. 生成目录

① 光标定位在第一行之前。

② 单击"引用"功能区"目录"域中"目录"按钮，在下拉菜单中选择"插入目录"命令，在弹出的"目录"对话框中选择目录选项卡，根据需要设置合适的显示级别（本实验为 2 级），其余选项采用默认设置，单击"确定"按钮，生成目录信息，目录效果见"样张 2-2-3.PNG"。

3. 使用目录

光标移到目录中的某一个标题后按住【Ctrl】键单击，就能快速定位到文档中该标题的位置。

4. 更新目录

① 将文档中"1. 第一台计算机"修改为"1. 第一台数字计算机"，"2.计算机的"代""改为"2. 计算机的"分代""。由于标题进行了修改，因此需要更新目录。

② 光标定位在目录中，鼠标右击目录区，在弹出的快捷菜单中选择"更新域"命令。在"更新目录"对话框中选择"更新整个目录"选项，并单击"确定"按钮，目录即可实现更新。

③ 保存文档。将完成的文档以 word2-2-3.docx 为文件名，保存到本章实验任务一创建的 word-doc 文件夹中。

实验任务四　样式和样式表的应用

任务的知识点

- 样式、样式表。
- 样式的创建、更新。

目标和要求

- 掌握运用样式表进行段落格式化的基本操作。
- 掌握创建样式表的基本技能。
- 掌握编辑修改样式表的基本方法。

操作步骤

1. 创建样式

（1）任务描述

打开实验任务三中保存的文档 word2-2-3.docx，创建一个名为"摘要"的样式：两端各缩进 2 字符，小五号字，宋体，首行缩进 2 字。

（2）操作指导

① 打开 word2-2-3.docx，单击"开始"功能区"样式"域中右下角的扩展按钮，打开"样式"任务窗格，鼠标单击任务窗格最底下一行的"新建样式"按钮。

② 在打开的"根据格式设置创建新样式"对话框中，按任务要求设置样式格式：在"名称"栏中输入"摘要"，"样式类型"栏中选择"段落"，"样式基准"栏中选择"文本块"，"后续段落样式"栏中选择"正文"，格式中字体设置为"宋体"，字号设置为"小五号"，颜色设置为"自动"。

③ 单击"格式"按钮，在弹出的列表中选择"段落"命令，打开"段落"对话框。

④ 在缩进项的左侧和右侧栏中各选择"1 字符"，在特殊格式中选择"首行缩进"，磅值选择"2 字符"。单击"确定"按钮返回"根据格式设置创建新样式"对话框，再单击"确定"按钮完成设置。

2. 应用样式

（1）任务描述

在打开的 word2-2-3.docx 文档中运用样式表分别设置摘要、一级标题和二级标题的格式。

（2）操作指导

① 光标定位在文档标题"计算机科学发展简况"，单击"开始"功能区"样式"域中右下角的扩展按钮，打开"样式"任务窗格，并选择"标题 1"样式。

② 光标定位在"摘要"段落内，在样式任务窗格中选择"摘要"样式。

③ 光标分别定位在各个标题上，分别在样式任务窗格中选择"标题 2"样式。

3. 更改样式

（1）任务描述

将"标题 1"样式的对齐方式更改为"居中"，字号调整为"三号"，段前段后间距为"0"；将"标题 2"样式的字号更新为"小四"，段前段后间距为"6 磅"。

（2）操作指导

① 在打开的样式表任务窗格中，单击"标题 1"样式旁的下拉按钮，选择"修改"菜单命令，打开"修改样式"对话框。

② 在"修改样式"对话框中设置格式字号为"三号"，单击"格式"按钮，在弹出的列表中选择"段落"命令，打开"段落"对话框，设定段前段后间距为"0 行"，对齐格式为"居中"，单击"确定"按钮返回"修改样式"对话框，选中"自动更新"复选框，单击"确定"按钮完成样式修改和更新。

③ 按同样的方法，在打开的样式表任务窗格中，选择"标题 2"样式的"修改"命令，在"标题 2"的"修改样式"对话框中完成字号为"小四"，段前段后间距为"6 磅"的设置，选中"自动更新"复选框，单击"确定"按钮完成样式修改更新，应用这些样式的文本格式同时获得更新。

④ 保存文档。将结果文档以 word2-2-4.docx 为文件名，保存到本章实验任务一创建的 word-doc 文件夹中。

实验任务五　模板的创建与应用

任务的知识点

- 模板的概念。
- 模板和样式的关系。

目标和要求

- 掌握使用模板创建文档的基本方法。
- 掌握创建自定义模板的基本方法。

操作步骤

1. 使用 Word 2010 提供的"简历向导"模板制作一份具备专业外观的个人简历

使用模板创建文档的优势在于可以省去格式化文档的时间，因为模板就是事先已经定义了各项格式的文档样本。使用"简历向导"模板可以制作一份具备专业外观的个人简历。

① 启动 Word 2010 后，单击"文件"按钮，在下拉菜单中选择"新建"命令，在右侧的窗口中选择"样本模板"，如图 2-27 所示。

图 2-27 "新建"窗口

② 单击"样本模板"按钮，选择"基本简历"选项，如图 2-28 所示。

③ 根据文档中的提示和自己的实际情况，把个人的相应信息"填入"文档中。在输入"教育"等信息时，文档中只提供了一个时间段，但是如有好几个时间段的教育信息要填写时，只要选中文档提供的一个时间段教育信息的相应段落后右击，在弹出的快捷菜单中选择"复制"命令，再将插入点定位于文档适当位置后右击，在弹出的快捷菜单中选择"粘贴"命令，这样就增加好了另一个时间段的教育信息段落组。其他需要增加时间段的地方同样可以采用"复制"和"粘贴"的方法制作，效果如图 2-29 所示。

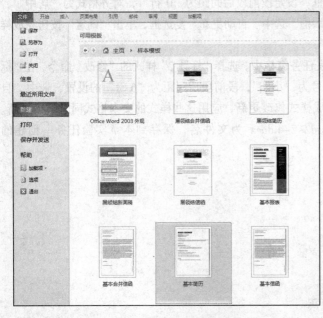

图 2-28 "样本模板"对话框

图 2-29 简历效果

2. 创建自己的文档模板

创建模板的主要目的是为了便于快速生成需要的文档：一次设置了需要的格式，可以无数次地引用，减少了每次都要进行格式设置的麻烦。

① 启动 Word 2010 后，单击"文件"按钮，在下拉菜单中选择"新建"命令，选择一种合适的基本模板，一般选用"空白文档"。

② 在文档的各个位置处输入提示性的文字，并进行格式化定义。

③ 单击"文件"按钮，在下拉菜单中选择"保存"命令，打开"保存"对话框后，选择"保存类型"为"word 模板"，保存路径一般为 C:\Users\Administrator\AppData\Roaming\Microsoft\Templates，模板文件名自定。至此便生成了自定义的文档模板，以后可以像使用系统定义模板一样使用自定义模板了。

2.3 综合实验

实验任务一 文档加密

任务的知识点

● 水印。

● 文档加密。

目标和要求

● 掌握在文档中添加水印进行文档保护的基本技能。

● 掌握在文档中添加密码对文档进行保护的基本技能。

操作步骤

1. 任务描述

在"购货合同"中添加"公司绝密"文本水印，对文件设置通过密码读/写的权限。

2. 操作指导

① 打开本章实验素材文件"\第 2 章\购货合同.docx"，单击"页面布局"功能区"页面背景"域中的"水印"按钮，在下拉菜单中选择"自定义水印"命令，打开"水印"对话框（见图 2-30），选择"文字水印"单选按钮，设置"文字"框内容为"公司绝密"，单击"确定"按钮，完成水印的添加，效果如图 2-31 所示。

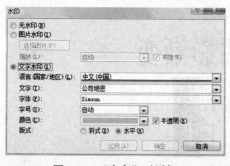

图 2-30 "水印"对话框

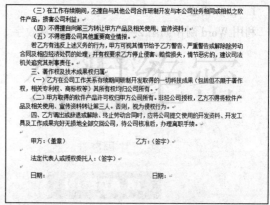

图 2-31 设置文字水印"公司绝密"效果

② 设置文档密码操作。单击"文件"按钮，在下拉菜单中单击"保护文档"按钮（见图 2-32），选择"用密码进行加密"命令，在打开的"加密文档"对话框中输入密码（见图 2-33），单击"确定"按钮完成文档加密。

③ 文档保存。单击"文件"按钮，在下拉菜单中选择"另存为"命令，将添加了水印和读写密码的合同，以同名文件的形式保存到本章实验任务一创建的 word-doc 文件夹中。关闭文档窗口。

图 2-32　设置打开和修改密码

图 2-33　确认打开和修改密码

④ 加密文档的打开。将文档保存后，再次打开该文档，会弹出要求用户输入打开文档密码和修改文档密码的对话框，密码错误将无法打开文档，这样就起到了保护文档的作用。

实验任务二　制作特效字

任务的知识点

- 倒影字的制作。
- 阴影渐变字的制作。
- 黑白相间字的制作。

目标和要求

掌握利用 Word 制作特效字的基本技能。

操作步骤

1. 任务描述

利用 Word 制作如图 2-34 所示效果的特效字。

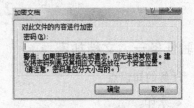

图 2-34　特效字样例

2. 操作指导

（1）倒影字制作

① 新建一个 Word 文档，插入艺术字，并设置艺术字样式为第一种，字体为"方正舒体"，

字号为"36"，文字内容为"三潭印月"。

②　右击生成的艺术字，在弹出的快捷菜单中选择"设置艺术字格式"命令，将填充色设置为"黑色"后单击"确定"按钮退出。

③　选中艺术字后，单击"艺术字工具"/"格式"功能区"阴影效果"域中"阴影效果"按钮，在下拉菜单中选择"阴影样式 17"。在"阴影效果"下拉菜单中选择"阴影颜色"命令，并选择阴影色为"白色"。

④　在艺术字的阴影上画一个矩形，右击该矩形，选择"设置自选图形格式"命令，弹出"设置自选图形格式"对话框，选中"颜色与线条"选项卡，单击"填充效果"按钮，弹出"填充效果"对话框，选择"渐变"选项卡中的"颜色"/"双色"，并将颜色 1 和颜色 2 分别设置为"白色"和"蓝色"。在"底纹样式"栏中选择"水平"按钮，在"变形"栏中选择上浅下深，单击"确定"按钮，返回"设置自选图形格式"对话框。

⑤　在当前选项卡中设置矩形的线条为"无色"，选择"版式"选项卡，选择"衬于文字下方"版式，调整艺术字、矩形的大小及位置，形成样张所示效果。

（2）渐变字制作

①　插入艺术字的第一种样式，然后在弹出的文字输入框中输入"阴影渐变"，选择"字体"为"华文中宋"，单击"确定"按钮退出。

②　右击生成的艺术字，在弹出的快捷菜单中选择"设置艺术字格式"命令，将填充色设置为"蓝色"，线条设置为"无色"；选择"版式"选项卡，设置"环绕方式"为"紧密型"，单击"确定"按钮退出设置对话框。

③　选择该艺术字并复制一个同样的艺术字，选中新复制的艺术字，将填充色重新设置为黑白左右渐变，且线条色为"无色"。

④　右击该艺术字，在弹出的快捷菜单中选择"叠放次序"/"置于底层"命令，并将该艺术字移动到原艺术字上，利用艺术字的各控制点，调整位置、大小及倾斜度。

（3）黑白相间字

①　插入一个竖排艺术字（方法是插入艺术字后，在"艺术字"工具栏中单击"艺术字竖排文字"按钮），然后输入文字"黑白"，并设字体为"宋体"，字号为"96"。

②　设置艺术字格式：填充色为"黑色"，版式设置为"紧密型"。

③　用绘图工具画一个矩形，将填充色设为"白色"，且线条为"无色"。

④　将矩形移到艺术字上，用它遮住艺术字的一半。再按住【Shift】键，同时选中艺术字和矩形，右击组合体，在弹出的快捷菜单中选择"组合"/"组合"命令。选中组合的对象，单击"复制"按钮。

⑤　打开 Windows 7 "附件"中的"画图"软件，将复制的对象粘贴上去，工具栏上的"裁剪"工具剪掉白色的部分，选中剩余部分的图案，单击"复制"按钮。

⑥　回到 Word 2010 中，单击"粘贴"按钮，右击插入的图片，选择快捷菜单中的"叠放次序"/"浮于文字上方"命令。

⑦　选择原先组合的对象并右击，选择快捷菜单中的"组合"/"取消组合"命令解除组合。选择白色的矩形，将其填充色设为"黑色"，并将它置于底层。

⑧　选择艺术字，将填充色设为"白色"，线条设为"无色"，调整插入的图片、艺术字和黑色矩形的位置，使它们形成一个整体，全部选中它们后鼠标右击，选择快捷菜单中的"组合"/

"组合"命令，黑白相间字就完成了。

⑨ 保存文档。将结果文档以 word2-3-2.docx 为文件名，保存到本章实验任务一创建的 word-doc 文件夹中。

实验任务三　综合练习

任务的知识点

- 字符格式化、段落格式化。
- 项目符号和编号。
- 查找与替换、艺术字。
- 分栏、表格、页眉页脚。

目标和要求

掌握综合运用 Word 格式化工具的基本技能。

操作步骤

1. **任务描述**

打开素材文件"\第 2 章\综合实验三.docx"用 Word 2010 制作图文混排效果如图 2-35 所示的文档"听了老人言"。

2. **操作指导**

① 标题设置：将标题"听了老人言"设置为"黑体"、"二号"、"加粗"、"居中"。

② 首字下沉设置：将第一自然段的首字设置为下沉三行。

③ 项目符号和编号设置：选中全部段落，单击"开始"功能区"段落"域中"项目符号"按钮，在下拉菜单中

图 2-35　图文混排效果

选择"定义新项目符号"命令，打开的对话框中单击"符号"按钮，在弹出的"符号"对话框中选择"笑脸"符号，单击"确定"按钮。

④ 查找与替换：将文档中所有的"猴子"替换为"猩猩"，并且设置为"小二"、"加粗"、"倾斜"和"双下画线"。

⑤ 艺术字设置：将"猩猩"两字设置为"艺术字"选项中第一行第二列的艺术字，"字号"为 40、"版式"为"四周型"。参考样张将艺术字放置在合适的位置处。

⑥ 分栏处理：将文档最后一个自然段设置为"两栏"，并添加"分隔线"。

⑦ 表格处理：参考样张，选中相应的文字，将文字转换成表格，并设置表格的边框为：外框为 3 磅粗实线、内边框为 0.5 磅双画线。

⑧ 页眉和页脚设置：参考样张，在页眉上添加居中文字"聪明的动物"，在页脚上添加居中的页码/总页数。

⑨ 保存文档。将结果文档以 word2-3-3.docx 为文件名，保存到实验一创建的 word-doc 文件夹中。

第 3 章　Excel 2010 应用

3.1　基础实验

实验任务一　数据表的建立

任务的知识点

- 单元格和区域。
- 单元格输入、文本输入、公式输入。
- 单元格和区域的选取。

目标和要求

- 学会单元格和区域的使用方法。
- 掌握单元格、区域输入的操作方法。

操作步骤

1. 单元格和区域的选取

① 启动 Excel 2010，在工作表中单击某个单元格，选择单元格。

② 在工作表中单击某个单元格后，拖动鼠标指针到区域的右下角，可选择相邻的单元格。

③ 在工作表中单击第一个单元格，按住【Ctrl】键不放，再单击其余的单元格，可选择不相邻的单元格。

④ 在工作表中单击行号，选择整行；单击列标，选择整列。

⑤ 单击工作表左上角行号和列标交叉的全选按钮，选择整个工作表。

⑥ 拖动行号或列标，选择相邻的行或列。

⑦ 单击第一个行号或列标，按住【Ctrl】键不放，再单击别的行号或列标，选择不相邻的行或列。

2. 单元格输入

① 选择单元格，在相邻单元格中依次输入姓名、学校名称、专业名称等文字，默认左对齐。

② 选择单元格，在相邻单元格中依次输入 QQ 号码、手机号码等数字，默认右对齐。

③ 选择单元格，输入当前的日期和时间，默认右对齐。

④ 输入公式以"="号开头，选择 QQ 号单元格，输入运算符"+"，再选择手机号单元格，然后按【Enter】键，公式输入完成，计算结果填充在公式单元格内。

⑤ 自动填充输入。在第一、第二个单元格内输入序列数据的初始值（如输入 10、12），选中初始值单元格，用鼠标拖动区域单元格右下角的填充柄，可以按等差数列自动填充。也可以在第一个单元格中填充初始值后，选择该单元格，单击"开始"功能区"编辑"域中的"填充"按钮，在下拉菜单中选择"系列"命令，打开"序列"对话框，选定序列产生在行或列、序列的类

型、步长值、终止值等项内容，单击“确定”按钮后在指定的行或列中生成序列数值。

⑥ 有效数据输入。选中需要限制其有效数据范围的单元格，单击“数据”功能区“数据工具”域中的“数据有效性”按钮，在下拉菜单中选择“数据有效数据”命令，打开“数据有效性”对话框，在“设置”选项卡设置允许输入的数据类型、操作符、数据的上限或下限等有效性条件。单击“确定”按钮后，在指定的单元格内输入一些数据，测试有效性。

3. 数据表实例

① Fibonacci 数列及其应用：设有一对小牛，第三年开始生一对小牛，以后每一年都生一对小牛，小牛长大后三年也开始生小牛，…，12 年后共有多少对牛？

② 在单元格 A1、A2 中分别输入“年”、“牛（对）”。

③ 在单元格 B1、C1、D1…中输入序列数据 1~12。

④ 在单元格 B2、C2 中分别输入数值 1，在 D2 单元格中输入公式：=B2+C2，按【Enter】键确认。

⑤ 选择 D2 单元格，拖动右下角的填充柄（实十字时）至 N2，得到各年份的牛对数。

4. 绝对引用与相对引用

① 在区域（A1:I6）输入下列数据，并计算轿车租赁价目。

车型	折扣	单价	出租天数					
			2	3	4	5	6	7
宝马	0.85	1 600						
本田	0.7	1 300						
尼桑	0.95	790						
铃木	0.75	470						

② 在区域（A1:I6）输入上述数据后，选择单元格 D3，输入公式：=$C3*D$2*$B3，按【Enter】键，选择单元格 D3，拖动右下角填充柄（实十字）至 D6，再拖动至 I6。结果如图 3-1 所示。

	E	F	G	H	I	J	K	L	M
1	车型	折扣	单价			出租天数			
2				2	3	4	5	6	7
3	宝马	0.85	1600	2720	4080	5440	6800	8160	9520
4	本田	0.7	1300	1820	2730	3640	4550	5460	6370
5	尼桑	0.95	790	1501	2252	3002	3753	4503	5254
6	铃木	0.75	470	705	1057.5	1410	1762.5	2115	2467.5

图 3-1　混合引用的结果样张

③ 文档保存。将完成的实验结果以 Excel-3-1-1.xlsx 为文件名保存到教师制定的文件夹中。

实验任务二　工作表的编辑和格式化

任务的知识点

- 复制、移动和删除。
- 撤销和恢复。
- 插入和删除。
- 查找和替换。
- 工作表的格式化。
- 保护工作表和工作簿。

目标和要求

- 掌握在数据表中定位的基本方法。
- 熟练掌握工作表的编辑和格式化。
- 掌握工作表的编辑和格式化的操作步骤。

操作步骤

1．工作表编辑操作

（1）设置工作表 Sheet1 中的数据

打开素材文件 \第 3 章\excel-3-1-2.xlsx ，在工作表 Sheet1 上进行如下操作：

① 在 C4、C5 位置插入空单元格，原有数据右移，C4、C5 单元格均输入"男" 。

② 使用公式计算每位同学的总分及平均分，并将结果保存到教师指定的文件夹中。

（2）设置工作表 Sheet2 中的利润、增长率等内容

① 取消 E 列的隐藏，计算预计利润、预计营收及营收、利润、预计利润和预计营收平均值，预计营收 = 营收 + 营收 × 增长率，预计利润 = 利润 + 营收 × 世界平均利润率。

② 将结果保存到教师指定的文件夹中，运行结果可参考样张 e3-1-2-2.png。

2．工作表格式化操作

（1）设置工作表 Sheet1 的标题文字

将标题文字设置为"楷体、蓝色、12 磅、粗斜体"，并在 A1:G1 区域跨列居中。

① 将标题内容修改为"各班级期中考试前 10 名成绩表"，选中 A1:H1 区域，单击"开始"功能区"对齐方式"域右下角的扩展按钮，打开"设置单元格格式"对话框，选择"对齐"选项卡，设置水平对齐为"跨列居中"、垂直对齐为"垂直居中"。选择"字体"选项卡设置格式为"楷体、蓝色、16 磅、粗斜体"。单击"确定"按钮完成设置。

② 单击"开始"功能区"单元格"域中的"格式"按钮，在下拉菜单中选择"行高"命令，在对话框中设置行高为 30 磅。

③ 选中除标题行外的所有数据单元格并右击，在弹出的快捷菜单中选择"设置单元格格式"命令，在对话框中选择"对齐"选项卡，设置水平对齐为居中；选择"边框"选项卡，为数据区域设置外粗内细的边框。

④ 右击 B10 单元格，在弹出的快捷菜单中选择"插入批注"命令，输入批注文字"最优秀的男同学"，调整批注区域大小为文字区域。

⑤ 复制 B10 单元格后，鼠标右击 B11 单元格，在弹出的快捷菜单中选择"选择性粘贴"命令，在弹出的对话框中选择"批注"单选按钮进行粘贴，然后修改粘贴的批注内容为"最优秀的女同学"。

⑥ 完成操作后将结果保存到教师指定的文件夹中，运行结果可参考样张 e3-1-2-1.png。

（2）设置工作表 Sheet2 中的货币格式、增长率及标题格式

① 将所有与货币有关的数据格式设置为"小数位数 2、货币符号$"。

② 设置 SKL 区域单元格格式为"红色、粗体字、黄色背景"，设置"增长率"列的格式为百分比。

③ 将标题设置为"华文细黑、16 磅、蓝色、加粗"，标题中的"（百万美元）"设置为"红色、加粗、14 磅"，设置标题文字在 A1:G1 区域合并居中。

④ 操作效果可参考样张 e3-1-2-2.png，将操作结果按同名文件保存到教师指定的文件夹中。

3．工作表重命名、设置颜色操作

① 双击 Sheet1，将表名称重命名为"成绩表"；双击 Sheet2，将表名称重命名为"营收表"。

② 依次右击 Sheet1、Sheet2，在弹出的快捷菜单中选择"工作表标签颜色"命令，分别选择合适的颜色进行标示。

③ 将操作结果保存到教师指定的文件夹中。

4．保护工作表和工作簿

（1）保护单元格免遭误操作

在 Sheet1 中选择 D20:E21 区域后鼠标右击，在弹出的快捷菜单中选择"设置单元格格式"命令，在对话框中选择"保护"选项卡，取消"锁定"复选框，单击"确定"按钮退出对话框；单击"开始"功能区"单元格"域中的"格式"按钮，在下拉菜单中选择"保护工作表"命令，在弹出的对话框中设置保护口令，单击"确定"按钮后工作表受到保护；仅在 D20:E21 区域中可以输入数据，其他单元格不能进行编辑操作。再次单击"开始"功能区"单元格"域中的"格式"按钮，在下拉菜单中选择"取消保护工作表"命令，可以取消工作表保护，恢复工作表可编辑。

（2）保护工作簿

单击"文件"按钮，在下拉菜单中选择"另存为"命令，在"另存为"右侧区域选择"工具"/"常选项"命令，在"常规选项"对话框中为工作簿设置一个打开、修改的密码，这样只有知道密码的用户才能打开和修改文件。

5．定位的使用

需要批量选择一定范围内符合一定条件的单元格，尤其是不连续的单元格时，可以使用快捷键【Ctrl+G】，打开"定位"对话框，输入定位内容、选择定位条件，快速定位到需要的位置。

6．撤销和恢复

如果对上次的操作情况不满意，可以单击工具栏中的"撤销" ↶·按钮，取消前若干步操作。如果又不想撤销了，单击工具栏中的"恢复"按钮↷·，还可以马上恢复。注意：恢复一定要紧跟在撤销操作的后面，否则恢复就失效了。

7．插入和删除

当正在编辑的工作表需要添加行或列时，右击指定的行标或列标，在弹出的快捷菜单中选择"插入"命令，就可以在选中的行或列之前插入一个行或列了。需要同时插入多个行或列时，只要先选择需要的行或列数，再执行插入命令即可。

当需要插入一个单元格时，右击一个单元格，在弹出的快捷菜单中选择"插入"命令，打开"插入"对话框，选择"活动单元格下移"或"活动单元格右移"单选按钮，单击"确定"按钮，就可以在当前位置插入一个单元格，而原来的数据则向下或向右移动了一行或一列。

删除行或列时，右击指定的行标或列标，在弹出的快捷菜单中选择"删除"命令。删除单元格时，右击被删单元格，在弹出的快捷菜单中选择"删除"命令，在"删除"对话框中选择"下方单元格上移"或"右侧单元格左移"单选按钮，单击"确定"按钮，单元格删除了，其他单元格作相应的移动。

实验任务三　图表的基本操作

任务的知识点

- 图表。
- 图表类型。
- 图表格式化。

目标和要求

- 理解图表类型的基本概念。
- 掌握图表的基本操作步骤。

操作步骤

1. 建立图表

① 打开前个实验保存的文档 excel-3-1-2.xlsx，在"营收表"上创建图表，效果如样张 e3-1-2-2.png 所示。

② 依次选择单元格及区域：A2:A3，E2:G3，A7，E7:G7，A9，E9:G9，A13，E13:G13。

③ 单击"插入"功能区"图表"域中右下角的扩展按钮，打开"插入图表"对话框（见图 3-2），选择"柱形图"栏中的"簇状圆柱图"，单击"确定"按钮。

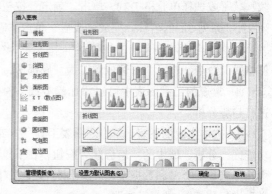

图 3-2　"插入图表"对话框

2. 图表格式化

通过格式化操作对图表对象：图表区、绘图区或背景墙、网格线、图例、坐标轴（数值轴或分类轴）、数据系列、数据点、图表标题等、图表类型，进行格式化处理。

① 单击"图表工具"/"设计"功能区"图表布局"域中的"布局 1"按钮；在"图表工具"/"布局"功能区，依次单击"标签"域中"图表标题"、"坐标轴标题"、"图例"、"数据标签"、"数据表"按钮，如图 3-3 所示，分别设置：标题（"韩国知名 IT 公司营收情况"）、图例（"底部"）等。

② 右击图表区的各个部分，在快捷菜单中分别选择"设置 XX 格式"命令，可以对指定区域的格式（包括背景色、边框线型等属性进行设置）。

图 3-3　图表工具

3. 图表位置变动

内嵌式图表与独立式图表可以相互转换。

右击图表，在弹出的快捷菜单中选择"移动图表"命令，打开"移动图表"对话框（见图 3-4），选择合适的放置位置后，单击"确定"按钮。

4. 制作带趋势线的图表

打开前个实验保存的文档 excel-3-1-2.xlsx，在"成绩表"中完成以下操作：

图 3-4　"移动图表"对话框

① 选择单元格区域 B12:B17，D12:F17。单击"插入"功能区"图表"域中的"柱形图"按钮，选择"簇状柱形图"生成柱形图，效果见样张 e3-1-3-1.png。

② 右击图例，在弹出的快捷菜单中选择"选择数据"命令，打开"选择数据源"对话框，选择"系列 1"后单击"编辑"按钮，打开"编辑数据系列"对话框，在"系列名称"栏内输入"数学"（或选择单元格 D2），单击"确定"按钮将数据系列名称修改完成。按同样方法修改"系列 2"、"系列 3"的名称。完成修改后，单击"确定"按钮退出"选择数据源"对话框。

③ 右击图例，在弹出的快捷菜单中选择"设置图例格式"命令，选择"图例位置"为"底部"。

④ 常规的二维图表中可以添加趋势线，对数据进行趋势分析。

⑤ 选中生成的图表，单击"图表工具"/"布局"功能区"分析"域中的"趋势线"按钮，在下拉菜单中选择趋势线类型和数据系列（如选择"对数"对"数学"进行分析），效果见样张 e3-1-3-1.png。

⑥ 右击趋势线，在弹出的快捷菜单中选择"设置趋势线格式"命令，打开"设置趋势线格式"对话框（见图 3-5），可以设置其他趋势线的属性。

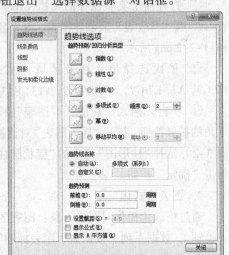

⑦ 将完成的实验结果以 Excel-3-1-3 为文件名保存到教师指定的文件夹中。

图 3-5　图表趋势线设置

实验任务四　工作表的排序操作

任务的知识点

数据排列。

目标和要求

- 理解数据排序的基本概念。
- 掌握数据排序的操作步骤。

操作步骤

1. 普通排序

打开素材文件\第 3 章\excel-3-1-4.xlsx，在 Sheet1 上做排序操作。

① 先计算 Sheet1 中的应发工资（=基本工资+公积金+养老金+医疗补贴+其他津贴+奖金）、所得税（如果应发工资低于 3 500 免税，否则超出部分按 5%纳税）、实发工资（应发工资-所得税）。

② 以"部门"为第一关键字"升序"，"实发工资"为第二关键字"降序"排列整个数据表。将光标定位在数据表中，单击"开始"功能区"编辑"域中的"排序和筛选"按钮，在下拉菜单中选择"自定义排序"命令，打开"排序"对话框，在"主要关键字"中选择"部门"，在"次序"中选择"升序"，单击"添加条件"按钮，在"次要关键字"中选择"实发工资"，在"次序"中选择"降序"，单击"确定"按钮完成排序。

③ 将操作结果按同名文件保存到教师指定的文件夹中。

2. 排序选项

① 在打开的 excel-3-1-4.xlsx 中，选择 A2:L20 数据区域，按【Ctrl+C】组合键复制数据。

② 在 Sheet2 中光标定位在 A2 单元格，单击"开始"功能区"剪贴板"域中的"粘贴"按钮，在下拉菜单中"选择性粘贴"命令，在"选择性粘贴"对话框中选中"转置"复选框，单击"确定"按钮后得到一份行列转置后的数据表。

③ 当需要按照行来排序时，需要进行排序选项设置。单击"开始"功能区"编辑"域中的"排序和筛选"按钮，在下拉菜单中选择"自定义排序"命令。打开"排序"对话框，单击"选项"按钮，打开"排序选项"对话框，这里可以设置排序的方向、方法、是否区分大小写等，本实验选择方向为"按行排序"，单击"确定"按钮。此时，"排序"对话框中"主要关键字"下拉列表框中的内容变为行号，直接选择指定行进行排序，本例指定"行 4、升序"、"行 13、降序"。

④ 将完成的实验结果以 Excel-3-1-4 为文件名保存到教师制定的文件夹中。

实验任务五　工作表的筛选操作

任务的知识点

数据的筛选。

目标和要求

● 理解数据筛选的基本概念。

● 掌握利用工作表进行筛选的基本操作。

操作步骤

1. 自动筛选

打开前个实验保存的文件 excel-3-1-4.xlsx，筛选出 A 部门实发工资小于 4 000 的人员。

① 光标定位在 Sheet1 数据表中，单击"数据"功能区"编辑"域中的"排序和筛选"按钮，在下拉菜单中选择"筛选"命令，在数据表的字段名旁生成下拉按钮。

② 单击"实发工资"旁的下拉按钮，选择"数字筛选"/"小于"命令，打开"自定义自动筛选"对话框，在"小于"栏中填入 4 000 后，单击"确定"按钮，筛选出所有实发工资小于 4 000 的人员，包括 A 部门和 B 部门人员。

③ 按同样的方法，在"部门"字段旁的下拉菜单中选择"A 部门"。

④ 将完成的实验结果以 Excel-3-1-4 为文件名保存到教师指定的文件夹中。

2. 高级筛选

自动筛选只能筛选简单条件的记录，高级筛选可以筛选复杂条件的记录。如要求筛选出 A 部门实发工资大于 4 000 和 B 部门实发工资小于 4 000 的所有人员。

① 在数据表格之外生成筛选条件区域。将筛选条件的字段名"部门"和"实发工资"复制到 N2:O2 单元格中。

② 将"A 部门"和"B 部门"复制到 N3:N4 单元格中，在 O3 单元格中填入">4000"，在 O4 单元格中填入"<4000"。

③ 选择"数据"功能区"排序和筛选"域中的"高级"命令，打开"高级筛选"对话框，依次选择"列表区域"为 A2:L42，"条件区域"为 N2:O4，方式为"将筛选结果复制到其他位置"，"复制到"的位置选择 A45。单击"确定"按钮后将在 A45 开始的单元格中获得筛选结果。

④ 将完成的实验结果以 Excel-3-1-4 为文件名保存到教师指定的文件夹中。

3.2 提 高 实 验

实验任务一 工作表的分类汇总

任务的知识点

分类汇总。

目标和要求

- 理解分类汇总的基本概念。
- 掌握在工作表中进行分类汇总操作的基本方法。

操作步骤

1. 排序

打开素材文件\第 3 章\excel-3-2-1.xlsx，按照职务汇总统计各类人员的基本工资、职务工资、岗位津贴的平均值。分类汇总前先要对类别进行排序，本例为"职务"。对"职务"字段进行"升序"排序、职务相同者按"职称""升序"排列。

2. 分类汇总

① 单击"数据"功能区"分级显示"域中的"分类汇总"按钮，打开"分类汇总"对话框，分类字段选择"职务"，汇总方式选择"平均值"，"选定汇总项"选择"基本工资"、"职务工资"、"岗位津贴"，单击"确定"按钮完成分类汇总。

② 再次单击"数据"功能区"分类显示"域中的"分类汇总"按钮，在打开的对话框中设置"分类字段"为"职称"，其他选项不变，取消选择"替换当前分类汇总"复选框，单击"确定"按钮可进行二次汇总。

③ 将完成的实验结果以 Excel-3-2-1 为文件名保存到教师指定的文件夹中。

实验任务二 数据透视表和数据透视图

任务的知识点

- 透视表。
- 透视图。

目标和要求

- 理解数据透视表的基本概念。
- 掌握制作数据透视表和数据透视图的基本技能。

操作步骤

1. 制作数据透视表

打开素材文件 \第 3 章\excel-3-2-2.xlsx，在 A20 单元格开始的区域中建立数据透视表，数据透视表效果见样张 e3-2-2.png。

① 选中 A1:H18 表格区域，单击"插入"功能区"表格"域中的"数据透视表"按钮，在下拉菜单中选择"数据透视表"命令，打开"创建数据透视表"对话框，"选择放置数据透视表的位置"为"现有工作表"A20 单元格。

② 单击"确定"按钮，生成图 3-6 所示的效果，在右边"数据透视表"任务窗格中进行相应的操作来构造需要的数据透视表。

③ 将报表列表"班级"字段拖动到"行标签"上，将"性别"字段拖动到"列标签"上，将"数学"、"语文"、"政治"字段拖动到"数值"上，如图 3-7 所示。

④ 双击"数据"区域中的"求和项:数学"、"求和项:语文"、"求和项:政治"，打开"值字段设置"对话框，设置汇总方式为平均值。

图 3-6　创建数据透视表

图 3-7　数据透视表字段列表

2. 制作数据透视图

① 选择数据透视表，单击"插入"功能区"图表"域中的"柱形图"按钮，在下拉菜单中选择"簇状柱形图"生成柱形图，数据透视图效果如图 3-8 所示。

② 也可以在制作数据透视表的同时生成数据透视图。直接单击"插入"功能区"表"域中的"数据透视图"按钮，后续制作方法与数据透视表类似，同样能够产生如图 3-8 所示效果。

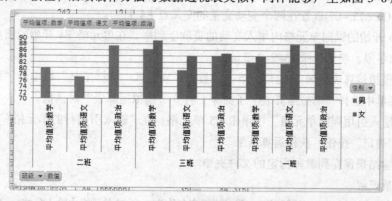

图 3-8　数据透视图

③ 文档保存。将完成的实验结果以 Excel-3-2-2 为文件名保存到教师指定的文件夹中。

实验任务三　数据分析处理

任务的知识点

- 数据表。
- 单变量求解。
- 方案分析。
- 一元线性回归。

目标和要求

- 理解数据分析基本概念。
- 熟练掌握数据表分析工具。
- 掌握单变量求解、方案分析和一元线性回归分析基本方法。

操作步骤

1. 单变量数据表

利用 PMT( )函数进行测算，当向银行贷款 50 万元人民币，期限为 10 年，年利率为 4.95%，与银行约定每月初还款。假设贷款利率不变，贷款年限在 5~30 年之间发生变化，则每月的还款额将会发生怎样的变化。

① 打开素材文件 \第 3 章\excel–3–2–3.xlsx，选择"单变量数据表"，在 F4 单元格中输入计算每月还款额的公式：= PMT（C5/12,C6 × 12,–C7）。

② 列区域 E5:E15 为贷款期限的替代变动值，选取包含替代变动值和计算公式在内的区域 E4:F15。

③ 单击"数据"功能区"数据工具"域中的"模拟分析"按钮，在下拉菜单中选择"数据表"子命令，打开"数据表"对话框。

④ 在"输入引用列的单元格"中单击 C6 单元格，单击"确定"按钮得到运算结果。

2. 双变量数据表

上例假设贷款利率是不变的，如果利率和年限都有变化，如贷款利率在 4.0%~6.0%之间变化，以差值 0.25%递增，贷款期限在 12~20 年间变化，以差值 2 递增，则应创建双变量数据表进行分析。

① 打开素材文件 \第 3 章\excel–3–2–3.xlsx，选择"双变量数据表"，将每月还贷计算公式为：= PMT(C5/12,C6 × 12,–C7)放置在两个变动变量的交叉点 E4 上。

② 在 E5 开始的纵向单元格内填入变动的贷款年利率，在单元格 F4 开始的横向单元格内填入变动的贷款年限，参见样张 e3–2–3–2.png。

③ 选取模拟运算表区域 E4:J13。单击"数据"功能区"数据工具"域中的"模拟分析"按钮，在下拉菜单中选择"模拟运算表"子命令，打开"模拟运算表"对话框。

④ 在"输入引用列的单元格"中单击 C5 单元格；在"输入引用行的单元格"中单击 C6 单元格。单击"确定"按钮，获得运算结果。

⑤ 将实验结果保存到教师指定的文件夹中。

3. 单变量求解

求方程 $4x^5-8x^4+2x^3-2x=-5$ 的解。将 B2 单元格指定名称为 x。在 C2 单元格中输入公式：$= 4x^5-8x^4+2x^3-2x$，将 B2 单元格视为可变单元格，C2 单元格为目标单元格。目标单元格 C2 的目标值为–5。

① 打开前个实验保存的文档 excel-3-2-3.xlsx，单击"开始"功能区"单元格"域中"插入"按钮，在下拉菜单中选择"插入工作表"命令，创建一个新的工作表，重命名工作表标签为"单变量求解"。

② 单击选取 B2 单元格，在名称栏中输入 x，使得 B2 单元格的名称为 x。单击 C2 单元格，输入公式：$= 4 \times x \times x \times x \times x \times x \times x - 8 \times x \times x \times x \times x + 2 \times x \times x \times x - 2 \times x$。

③ 单击"数据"功能区"数据工具"域中"模拟分析"按钮，在下拉菜单中选择"单变量求解"命令，打开"单变量求解"对话框。在"目标单元格"栏中输入 C2；在"目标值"栏中输入 -5；在"可变单元格"框中单击选取 B2 单元格。

④ 单击"确定"按钮，即可求得结果，B2 单元格中的数值就是方程的解。

⑤ 将实验结果保存到教师指定的文件夹中。

4. 方案分析

利用方案管理器对某企业未来 3 年的利润总和进行方案分析。已知影响该企业未来 3 年利润总和的主要因素有：销售额、销售成本、销售额的增长率和销售成本的增长率，而且销售额的增长率以及销售成本的增长率是可变数，企业可以预先制定几个销售额的增长率以及销售成本的增长率的变化方案，来预测未来 3 年的利润总和。打开 excel-3-2-3.xlsx 文档，在"销售利润评估表"上进行如下操作：

① 计算 2011、2012 和 2013 年的总销售额和产品成本，E5 单元格中的公式为：$= D5 \times (1 + \$D\$14)$，并将公式复制到 F5、G5 单元格中，E8 单元格中的公式为：$= D8 \times (1 + \$D\$15)$，并将其复制到 F8:G8 以及 E9:G10 区域中；计算总成本，D11 单元格中的公式为：$= SUM(D8:D10)$，并将其复制到 E11:G11 区域中；计算利润总和，D19 单元格中的公式为：$= SUM(D5:G5) - SUM(D11:G11)$，计算结果参见样张 e3-2-3-3.png。

② 单击"数据"功能区"数据工具"域中"模拟分析"按钮，在下拉菜单中选择"方案管理器"命令，打开"方案管理器"对话框。单击"添加"按钮，打开"添加方案"对话框，在"方案名"栏中定义一个方案名称，由于销售额的增长率以及销售成本的增长率是可变数，因此在"可变单元格"框中选取 D14:D17 区域。

③ 单击"确定"按钮，打开"方案变量值"对话框，对可变单元格中的数值设置不同的值，作为不同方案中的变量值。单击"确定"按钮，完成一个方案的定义。

④ 重复操作步骤②、③，定义不同的方案名称，选取不同的变量值。至此完成了方案的创建。

⑤ 方案的显示和编辑。单击"数据"功能区"数据工具"域中的"模拟分析"按钮，在下拉菜单中选择"方案管理器"命令，打开"方案管理器"对话框。在"方案"栏中选取一个方案，单击"显示"按钮，数据区域中可变单元格的数值变为该方案的值。

⑥ 方案的编辑修改。单击"数据"功能区"数据工具"域中的"模拟分析"按钮，在下拉菜单中选择"方案管理器"命令，打开"方案管理器"对话框。在"方案"栏中选取某一方案，单击"编辑"按钮，打开"编辑方案"对话框；单击"确定"按钮，打开"方案变量值"对话框。修改各可变单元格的数值，单击"确定"按钮，返回"方案管理器"对话框，单击"显示"按钮，观察修改结果。可以反复修改方案的可变单元格数值，直到满意为止。

⑦ 方案摘要。为每个可变单元格指定相应的名称；单击"数据"功能区"数据工具"域中"模拟分析"按钮，在下拉菜单中选择"方案管理器"命令，打开"方案管理器"对话框。在"方

案"栏中选取某一方案，单击"摘要"按钮，打开"方案摘要"对话框；在"报表类型"中选择"方案摘要"，"结果单元格"中的数据会自动显示。单击"确定"按钮，在当前工作表的左侧创建"方案摘要"工作表，效果参见样张 e3-2-3-4.png。

⑧ 文档保存。将完成的实验结果保存到教师制定的文件夹中。

5. 一元线性回归分析

① 打开素材文件\第 3 章\excel-3-2-3.xlsx，选择"一元回归数据表"，对原始数据以全年累计雨量为 x 坐标、地质灾害发生数为 y 坐标作作散点图，观察是否具有线性关系（单击"插入"功能区"图表"域中的"散点图"按钮，在下拉菜单中单击"仅带数据标记的散点图"图标，生成散点图。可在"图表工具"/"设计"功能区的"图表布局"域中选择"布局 3"，分析两者关系趋势）。

② 如果在"数据"菜单功能区中找不到"分析"域，则需要先行加载"分析工具库"：单击"文件"按钮，在下拉菜单中选择"选项"命令，打开 Excel 选项对话框，选择"加载项"菜单，在加载项列表框中选择"分析工具库"后，单击"转到..."按钮，在打开的"加载宏"对话框中选择"分析工具库"，确定后加载统计分析工具。

③ 单击"数据"功能区"分析"域中的"数据分析"按钮。在打开的"数据分析"对话框中有分析工具库中可以使用的各种分析工具，选择"回归"选项进行分析（见图 3-9）。

④ 在打开的"回归"对话框中填入相应的数据： X、Y 值的输入区域（C2:C12, D2:D12），标志，置信度（95%），新工作表组，残差，线性拟合图（见图 3-10）。

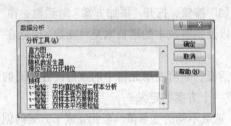

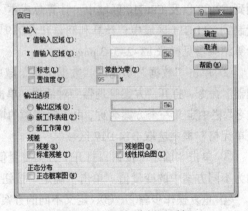

图 3-9　数据分析对话框　　　　　图 3-10　回归分析对话框

⑤ 单击"确定"按钮取得回归结果。从图中读取回归结果：

截距：a=2.884；斜率：b=1.781；相关系数：R=0.988；测定系数：R2=0.975；F 值：F=318.025。

⑥ 建立回归模型，并对结果进行检验。

模型为：y=2.884+1.78x

并从回归结果中读出检验值：R、R2 和 F 值。实际上，有了 R 值，F 值和 t 值均可计算出来。

⑦ 利用 Excel 快速估计模型：

在散列图中鼠标右击数据点列，在弹出的快捷菜单中选择"添加趋势线"命令，在趋势线对话框中，选择回归分析类型为"线性"、趋势线名称为"自动"，选择"显示公式"、选择"显示 R 平方值"（见图 3-11），单击"确定"按钮后显示分析结果图如图 3-12 所示。

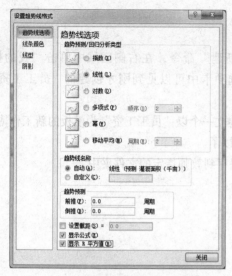

图 3-11 设置趋势线格式对话框

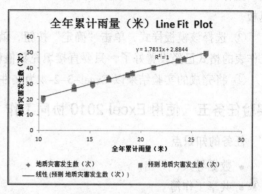

图 3-12 回归分析图

⑧ 文档保存。将完成的实验结果保存到教师制定的文件夹中。

实验任务四 模板的建立与使用

任务的知识点

模板。

目标和要求

● 理解 Excel 模板的概念与作用。

● 掌握创建 Excel 模板的基本方法。

● 掌握应用 Excel 模板的基本技能。

操作步骤：

1. 利用模板创建新的工作簿

建立工作簿时套用模板，可提高表处理的效率，默认使用的模板是一个默认的空工作簿模板，也可根据需要选用其他模板建立新的工作簿。

启动 Excel 2010，单击"文件"按钮，在下拉菜单中选择"新建"命令，在"新建"右侧区域中选择"样本模板"选项，从模板列表中选择一个模板样式，单击"创建"按钮，根据所选模板建立一个新工作簿。

2. 创建自定义的 Excel 2010 模板

对于需经常使用的表格，可以先完成各种格式编排、公式的设定等一系列操作，然后将其用模板格式保存。当需要制作使用该格式的表格时，直接用模板来创建立而不必每次都完成相同的工作。

① 打开 Excel-3-1-4.xlsx，删除其中的数值数据，保留"应发工资"、"所得税"、"实发工资"三个字段下的公式和其他格式。

② 单击"文件"按钮，在下拉菜单中选择"另存为"命令，在"文件名"文本框中输入"员工工资"，在"保存类型"中选择"Excel 模板"，系统将自动将保存目录确定为系统模板文件夹，单击"保存"按钮即可生成自定义文档模板，之后就可以随时使用该模板来建立工作簿了。

3. 使用自定义模板创建新的工作簿

① 关闭所有的文档窗口。

② 单击"文件"按钮，在下拉菜单中选择"新建"命令，在右侧区域中单击"我的模板"图标，打开"新建"对话框，在"我的模板"选项卡中可以见到刚才创建的"员工工资"模板。

③ 选择该模板样式，单击"确定"按钮，就可建立一个以"员工工资"为模板的新工作簿，工作表的格式已经设置好了，只要直接填充数值就可以了。

④ 将完成的实验结果以 Excel-3-2-4 为文件名保存到教师指定的文件夹中。

实验任务五　使用 Excel 2010 协同工作

任务的知识点

- 数据导入、导出。
- 共享工作簿。

目标和要求

- 理解数据导入与导出基本概念。
- 理解共享工作簿协同工作的基本原理。
- 掌握数据导入的基本方法。
- 掌握设置工作簿共享和协同作业的基本技能。

操作步骤

1. 数据导入

通过 Excel 的数据导入操作，可以方便地获取 Excel 外部数据进行处理，Excel 2010 可以读取的外部数据类型极为丰富，可以是文本文件，也可以是 Access 数据库文件。本例要求将素材文件\第 3 章\e3-2-5.txt 的内容输入到 Excel 的工作表中。

① 启动 Excel 2010，光标定位在 Sheet1 的单元格中，单击"数据"功能区"获取外部数据"域中的"自文本"按钮，选择素材文件\第 3 章\e3-2-5-1.txt，打开"文本导入向导"对话框，选择"分隔符号"单选按钮，单击"下一步"按钮；选择分隔符号为"Tab 键"，单击"下一步"按钮；选择数据列的数据格式后单击"完成"按钮，选择"数据的放置位置"。

② 单击"确定"按钮后，文本文件中的数据被导入到了当前工作表中。将完成操作的工作簿以 Excel-3-2-5-1.xlsx 为文件名，保存到教师指定的文件夹中。

2. 数据导出

数据导出操作更为简单，只要在保存时选择合适的类型即可。

打开素材文件\第 3 章\excel-3-2-5-2.xlsx，单击"文件"按钮，在下拉菜单中选择"另存为"命令，选择"保存类型"为"CSV（逗号分隔）"，即将文档内容以逗号分隔保存到教师指定的文件夹中。

3. 设置共享工作簿

当需要多人合作完成工作表处理时，可以通过共享工作簿的方式协同工作。以下操作需要在局域网环境下，多人分组协作完成。

① 在小组选一位同学设置共享工作簿操作。打开素材文件\第 3 章\excel-3-2-5-3.xlsx，单

击"审阅"功能区"更改"域中的"共享工作簿"按钮,在"共享工作簿"对话框中选择"编辑"选项卡(见图 3-13)。

② 选择"允许多用户同时编辑,同时允许工作簿合并"复选框,在"高级"选项卡中可以对"自动更新间隔"、"用户间修订冲突解决方法"以及"个人视图属性"等进行设置。在通常情况下,"高级"标签中的各个参数可直接使用系统默认值,单击"确定"确认。

③ 出现提示时,保存工作簿。

④ 为避免丢失修订记录,可以为工作簿指定一个密码来保护共享。单击"审阅"功能区"更改"域中的"保护并共享工作簿"按钮,打开"保护共享工作簿"对话框(见图 3-14)。

图 3-13 "共享工作簿"对话框

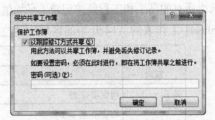

图 3-14 "保护共享工作簿"对话框

⑤ 选中"以追踪修订方式共享"复选框,并在"密码"文本框中输入密码,在出现提示时再次输入密码确认。

4. 使用共享工作簿

小组中其他同学则可以使用共享工作簿。在指定的网络驱动器中找到共享的工作簿,将其打开,每个同学各自在工作表中添加自己的相关信息。

单击"保存"按钮后,当前编辑的信息将保存到共享文件中,设置共享工作簿的同学将看到由其他同学编辑的信息。设置共享工作簿的同学可以选择接受所有同学提供的信息,也可以选择性地接受部分同学的修订操作。将经过协同工作后的共享工作簿保存到教师指定的文件夹中。本实验小组同学可以相互转换角色,多次练习。

3.3 综合实验

综合实验一

任务知识点

- 工作表编辑。
- 工作表格式化。
- 数据处理。

目标和要求

掌握利用 Excel 进行工作表综合处理的基本技能。

操作步骤

1. 任务描述

打开素材文件 Excel-3-3-1.xlsx 文档，按下列要求操作，并将结果保存到教师指定的文件夹中，结果参照样张 e3-3-1-1.png。

① 计算出所有职工的实发工资（=基本工资+奖金×部门系数-公积金），公积金数据在 Sheet2 工作表中、部门系数在 H1 单元格中，计算基本工资和奖金的平均值（不含隐藏项）。

② 将标题"职工工资统计汇总表"设置为隶书、18 磅，并在 A1:G1 区域合并居中，对基本工资的数据设置格式：小于 400 的采用蓝色、粗斜，介于 400 和 500 的采用红色、粗斜，大于 500 的采用绿色、粗斜格式。

③ 以性别为主要关键字降序、工龄为次要关键字升序排序（平均值行不参加排序），删除"张川"单元格的批注信息。

④ 筛选出所有的高工和工程师的记录（平均值行仍保留），将 A2:G12 区域套用"经典 2"格式。

⑤ 在 Sheet1 工作表的 A14 开始的区域中建立图 3-15 所示样张的数据透视表。

		性别	
职称	数据	男	女
高工	均值项:工龄	##.##	##.##
	均值项:基本工资	###.##	###.##
	求和项:奖金	###.##	###.##
工程师	均值项:工龄	##.##	##.##
	均值项:基本工资	###.##	###.##
	求和项:奖金	###.##	##.##
助工	均值项:工龄	##.##	#.##
	均值项:基本工资	###.##	###.##
	求和项:奖金	##.##	##.##

注：样张中的"#"应为实际数据。

图 3-15 数据透视表样张

2. 操作指导

① 实发工资计算。如选择 G3，则可输入：=E3+F3*H1-Sheet2!B2；复制到其他单元格。

② 平均值计算。如选择 E12，则可输入：=AVERAGE(E3:E4, E6:E11)；复制到其他单元格。

③ 选择"条件格式"按任务要求设置"基本工资"数据显示格式。

④ 以"职称"为"行标签"，"性别"为"列标签"，"工龄"、"基本工资"、"奖金"为"数值"创建数据透视表。

⑤ 保存结果。将完成操作的实验结果保存到教师指定的文件夹中。

综合实验二

任务知识点

• 工作表编辑。

• 工作表格式化。

目标和要求

掌握利用 Excel 进行工作表综合处理的基本技能。

操作步骤

1. **任务描述**

打开素材文件 Excel-3-3-2.xlsx 文档，按下列要求操作，并将结果保存到教师指定的文件夹中，结果参照样张 e3-3-2-1.png。

① 依据工龄计算出所有职工的实发工资（条件为：工龄>=15 年者，实发工资为：基本工资×1.3+奖金，工龄<15 年者，实发工资为：基本工资×1.1+奖金），计算基本工资和奖金的平均值（含隐藏项）。

② 将标题"职工工资统计汇总表"占据工作表的 A1、A2 两行，并使该标题在 A1:G2 区域中垂直居中，所有金额数据采用"货币样式"，并调整合适列宽。

③ 将"工资"区域中的字体设置为加粗、倾斜，隐藏 H 列。

④ 为 A7 单元格插入批注，批注的内容为"农业大学毕业"，设置显示批注，为 Sheet1 工作表的 A1:G13 区域设置边框线，外框为最粗实线，内框为双线。

⑤ 取消"罗庆"记录的隐藏，对 Sheet1 工作表中的数据列表，建立图 3-16 所示的分类汇总表。

姓名	性别	职称	工龄	基本工资	奖金	实发工资
				农业大学毕业	职工工资统计汇总表	
秦汉	男	工程师	##	￥ ###.##	￥ ###.##	￥ ###.##
孙红	男	高工	##	￥ ###.##	￥ ###.##	￥ ###.##
王国庆	男	工程师	##	￥ ###.##	￥ ###.##	￥ ###.##
张江川	男	助工	##	￥ ###.##	￥ ###.##	￥ ###.##
	男 分类汇总					￥ ###.##
张川	女	高工	##	￥ ###.##	￥ ###.##	￥ ###.##
李洪	女	高工	##	￥ ###.##	￥ ###.##	￥ ###.##
罗庆	女	助工	##	￥ ###.##	￥ ###.##	￥ ###.##
刘少文	女	高工	##	￥ ###.##	￥ ###.##	￥ ###.##
苏南昌	女	工程师	##	￥ ###.##	￥ ###.##	￥ ###.##
	女 分类汇总					￥ ###.##
	总计				￥ ###.##	￥ ###.##
平均值				￥ ###.##	￥ ###.##	

注：样张中的"#"应为实际数据。

图 3-16　分类汇总样张

2. **操作指导**

① 依据工龄计算职工的实发工资。使用条件函数，如选择 G3，则输入：=IF(D3>15, E3*1.3+F3, E3*1.1+F3)，复制公式到其他单元格。

② 插入一行后进行标题的格式化处理。

③ 利用"名称框"选择"工资"区域，右击该区域，在弹出的快捷菜单中选择"设置单元格格式"命令，打开"设置单元格格式"对话框，选择"数字"选项卡，设定货币样式单元格。

④ 贯标定位 H 列，单击"开始"功能区"单元格"域中的"格式"按钮，在下拉菜单中选择"隐藏和取消隐藏"/"隐藏列"命令，设置隐藏 H 列。

⑤ 分类汇总前先对性别进行排序。汇总的字段为"奖金"。

⑥ 保存结果。操作完后，将工作簿文件保存到教师指定的文件夹中。

第 **4** 章 PowerPoint 2010 演示文稿制作

4.1 基 础 实 验

实验任务一 运用 Word 大纲制作演示文稿

任务知识点

- 幻灯片创建。
- 主题、母版与版式。
- 对象插入。

目标和要求

- 掌握制作幻灯片的基本方法。
- 掌握在幻灯片中插入图片和艺术字的基本技能。
- 掌握在演示文稿中设定切换方式的基本技能。

操作步骤

1. 任务描述

利用素材文件\第4章\计算机组装.docx 中的大纲文本制作幻灯片,在幻灯片上添加必要的图片、艺术字等生成演示文稿,为每张幻灯片设定相应的切换方式,设定每张幻灯片的放映时间为2 s。

2. 操作指导

① 启动 PowerPoint 2010,单击"文件"按钮,在下拉菜单中选择"新建"命令,在右侧区域选择"空演示文稿"选项,单击"创建"按钮新建第一张幻灯片,版式为默认的"标题幻灯片"。在主标题上填入"计算机组装",在副标题上填入作者的姓名、学号、专业和学校名。

② 可以继续逐张输入每张幻灯片的内容,如果已经使用 Word 的大纲功能制作了演讲提纲,则可以直接利用插入大纲的方式快速生成幻灯片。单击"开始"功能区"幻灯片"域中的"新建幻灯片"按钮,在下拉菜单中选择"幻灯片(从大纲)"命令,在打开的对话框中选择素材文件\第4章\计算机组装.docx,单击"打开"按钮后生成所有的幻灯片内容。

③ 由于当前版式与 Word 大纲不一定完全匹配,通过"重设"操作运用演示文稿当前版式。选中所有的幻灯片,单击"开始"功能区"幻灯片"域中的"重设"按钮,所有的幻灯片将全部应用演示文稿当前默认的版式格式。

④ 利用素材文件提供的图片,在幻灯片的合适位置上添加图片。如在第五张幻灯片上添加素材中的图片"p4-1-1-1.png":选中第五张幻灯片,单击"开始"功能区"幻灯片"域中的"版式"按钮,在下拉菜单中选择"两栏内容"版式,在右侧文本框中单击"插入来自文件的图片"按钮,选择图片后单击"打开"按钮,指定的图片添加到了幻灯片中。参照类似操作,将 p4-1-1-2.png~p4-1-1-19.png 的图片插入到幻灯片中。

⑤ 利用设计主题格式化幻灯片。单击"设计"功能区"主题"域中的主题下拉列表按钮，打开"所有主题"样式库，可在"内置"主题中选择合适的，也可以选择"Microsoft Office Online 上的其他主题"命令，搜索在线主题。本例选用"内置"的"跋涉"主题，单击"跋涉"按钮应用到所有幻灯片上。如果想在不同的幻灯片上应用不同的主题，则在选定幻灯片后，用鼠标右击选用的主题并选用"应用于选定幻灯片"命令。

⑥ 变换显示格式。如果要对每张幻灯片的文本格式进行修改，不必一张张地进行设定，只要修改幻灯片母版即可在所有幻灯片中产生效果。单击"视图"功能区"母版视图"域中的"幻灯片母版"按钮，在打开的幻灯片母版中设置所有文本的字体为"黑体"，读者还可以自行设置一些其他属性。设置完成后，单击"关闭母版视图"按钮回到幻灯片编辑状态。

⑦ 单击"切换"功能区"切换到次幻灯片"域中的切换样式下拉按钮，在打开的切换样式库中选择合意的样式，在"效果选项"中可以设置不同的方向，可将选用的切换效果应用到全部幻灯片上，也可每张幻灯片应用不同的切换效果。在"计时"域中可选择切换时的声音效果（风铃）、每张幻灯片的停留时间（2 s）、切换的速度（中速）、切换方式等属性。

⑧ 完成全部操作后，将演示文稿以 ppt-4-1-1.pptx 为文件名保存到教师指定的文件夹中。

实验任务二　运用设计模板制作演示文稿

任务知识点

- 幻灯片创建。
- 设计模板。
- 动画设置。

目标和要求

- 掌握利用设计模板创建幻灯片的基本方法。
- 掌握在幻灯片中添加图表对象的基本技能。
- 掌握在演示文稿中导入图片制作精美画册的基本技能。
- 掌握幻灯片切换方式和动画设置的基本技能。

操作步骤

1. 任务描述

在设计模板库中选用合适的模板创建相册类演示文稿，在幻灯片中添加个人、家庭或同学的相片，制作出具有动画效果的电子相册。

2. 操作指导

要创建电子画册，应先用数码照相机将选用的图片存入计算机的指定文件夹中，并使用"画图"工具软件经过优化处理（缩小画面、减低分辨率）。

① 启动 PowerPoint，单击"文件"按钮，在下拉菜单中选择"新建"命令，在右侧"新建演示文稿"区域中，查看"已安装的模板"中有无合适的模板可以选用，如无，则选择"Office.com 模版"，可以搜索其"相册"/"家庭团聚相册"模板，单击"下载"命令按钮，在线下载模板。

② 在第一张幻灯片的文本区域中输入学号、姓名、相册标题。

③ 在第二张幻灯片上插入已保存的一组照片，或选用素材中的 p4-1-2-1.jpg~p4-1-2-4.jpg 四幅图片，调整相片的大小和位置，使相片在幻灯片中形成良好的视觉效果。

④ 按同样的方法在第三、第四、第五张幻灯片上添加相片，或选用素材中的 p4-1-2-4.jpg~ p4-1-2-h.jpg 图片文件，每组相片组成一个相应的专题。

⑤ 画面效果参见样张 p-4-1-2-1.png，读者完全可以自行选择相片、版式，生成更为美观的画面，完全不必受效果图的限制。

⑥ 设置幻灯片切换效果。选中第一张幻灯片，单击"切换"功能区"切换到次幻灯片"域中的切换样式下拉按钮，在打开的切换样式库中选择合意的样式（如"随机"），在"效果选项"中选择切入方向，将选用的切换效果应用到全部幻灯片上，在"计时"域中选择切换时的声音效果（鼓掌）、每张幻灯片的停留时间（2 s）、切换的速度（中速）等属性。

⑦ 设置动画效果。选中第一张幻灯片中的相片，单击"动画"功能区"动画"域中的动画效果下拉按钮，在打开的下拉菜单中选择合意的动画效果（如"圆形扩展"），在"效果选项"中设置速度为"中速"、方向为"缩小"，单击"动画窗格"按钮打开"动画窗格"，选择动画项右边的下拉按钮，在打开的下拉菜单中选择"计时"命令，在"开始"栏中选择"上一动画之后"选项。

⑧ 设置其他幻灯片的动画效果。选中第二张幻灯片，选中依次选择每张相片，依次对每张相片设置动画效果（淡出、随机线条、飞入、翻转式由远及近），"效果选项"为"中速"，开始时间为"上一动画之后"。同样方法，对第三、第四、第五张幻灯片中的相片设置动画效果，样式、方向自选，开始时间全部设置为"上一动画之后"，速度都为"中速"。

⑨ 设置放映方式。单击"幻灯片放映"功能区"设置"域中的"设置幻灯片放映"按钮，打开"设置放映方式"对话框，选择放映类型为"演讲者放映"，放映幻灯片为"全部"，放映选项为"循环放映，按 ESC 键终止"，换片方式为"如果存在排练时间，则使用它"。

⑩ 保存文档。设置完成后，单击放映方式按钮观看效果，经调整满意后，将演示文稿以 ppt-4-1-2.pptx 为文件名保存到教师指定的文件夹中。

实验任务三　多媒体校园风景演示文稿的制作

任务知识点

- 设计模板、母版和版式。
- 幻灯片切换和动画。
- 多媒体对象插入与放映。

目标和要求

- 理解母版、模板、版式的基本概念。
- 掌握幻灯片模板创建、编辑的基本方法。
- 掌握幻灯片切换、动画设置的基本技能。

操作步骤

1. 任务描述

创建一个名为"校园风景欣赏.pot"的模板文件，使用该模板创建的演示文稿中的每一张幻灯片的背景都是"水滴"型填充效果，并且每张幻灯片的左上角都有一个校徽标志。利用创建的模板文件，创建一个多媒体的校园风景欣赏演示文稿。

2. 操作指导

① 启动 PowerPoint，选用"空白演示文稿"创建一张幻灯片，单击"视图"功能区"演示文稿视图"域中"幻灯片母版"按钮，在"幻灯片母版"功能区"背景"域中单击"背景样式"按钮，在下拉菜单中选择"设置背景格式"命令，打开"设置背景格式"对话框，选择"水滴"纹理，单击"全部应用"按钮后"关闭"对话框。

② 在幻灯片母版的每一页的左上角插入学校的校徽图案（本例以上海大学的校徽为例）。单击"插入"功能区"图像"域中的"图片"按钮，选择素材\第 4 章\p4-1-3-0.jpg。将所有页的文本设置为"黑体"；单击"开始"功能区"段落"域中的"项目符号"按钮，对一级标题、二级标题和三级标题的项目符号设置成图片形式。

③ 设置效果参考样张 p-4-1-3-1.png，设置完成后单击"关闭母版视图"按钮，单击"文件"按钮，在下拉菜单中选择"另存为"命令，保存类型选择"PowerPoint 模板（*.potx）"，文件名为 MyPlt，保存路径为默认路径，保存后关闭文档。至此，模板制作完成，模板名为 MyPlt.potx。

④ 选择"文件"按钮，在下拉菜单中选择"新建"命令，在"新建演示文稿"右侧区域中选择"我的模板"，在打开的"我的模板"对话框中选择创建的自定义模板 MyPlt.potx。

⑤ 在第一张幻灯片的标题内填入为"校园风景欣赏"，副标题文字为"XX 大学"。应用动画方案为"标题弧线"。备注页面里输入：XX 大学是国家"211 工程"重点建设高校之一。现有学科专业 X 个，教授、研究员 X 位，在校学生 XXXX 名。

⑥ 单击"开始"功能区"幻灯片"域中"新建幻灯片"按钮，创建第二张幻灯片，版式设置为"空白"。左侧添加三个横排文本框，内填写三行文字，分别为"图书馆"、"泮湖景色"、"校园夜景"。右侧插入 3 张图片（建议各位读者选用自己本校的相关照片，样例选用上海大学的图片），分别以相应的文本框触发显示。

⑦ 单击"动画"功能区"高级动画"域中的"动画窗格"按钮，打开"动画窗格"。选中图书馆图片，单击"动画"功能区"动画"域中的"添加效果"按钮，在下拉菜单中选择"更多进入效果"命令。在打开的对话框中选择"百叶窗"选项，单击"动画窗格"中"图书馆"动画对象按钮，在下拉菜单中选择"效果选项"命令，在弹出的对话框"效果"选项卡中设置"动画播放后"为"下次单击后隐藏"；在计时选项卡中设置播放速度："非常慢"，触发器选项中设置单击下列对象时启动效果："TextBox 1：图书馆"。

⑧ 重复上述步骤，分别为泮湖风景和校园夜景两幅图片设置动画效果。其中泮湖风景图片的进入效果为"旋转"，触发器为"TextBox 2：泮湖风景"；校园夜景图片的进入效果为"轮子"，触发器为"TextBox 3：校园夜景"；动画效果均为下次单击后隐藏。

⑨ 在幻灯片右上角插入一个水平文本框，内容为"校园风光"，设置其自定义路径，使其从右上角到左下角来回运动，速度为非常慢，重复播放直到幻灯片末尾。

⑩ 查看播放效果，当点击不同的文字对象后会动画显示对应的图片。再次单击相同的文字图片隐藏。

⑪ 保存文档。设置完成后，单击放映方式按钮观看效果，经调整满意后，将演示文稿以 ppt-4-1-3.pptx 为文件名保存到教师指定的文件夹中。

4.2 提高实验

实验任务一 运用视频与音乐的演示文稿

任务知识点

- 声音设置。
- 视频特效。

目标和要求

- 理解演示文稿中添加背景音乐和视频的基本概念。
- 掌握制作带有背景音乐演示文稿的基本技能。
- 掌握制作具有视频特效演示文稿的基本技能。

操作步骤

1. 任务描述

制作一份带有导航的演示文稿，包含有带背景音乐的配乐诗词和有视频特效的幻灯片。

2. 操作指导

打开素材文件\第 4 章\ppt-4-2-1.pptx，导航页文本和动画已经制作完成，但现在不能实现跳转，需在此基础上完成进一步的操作。

① 添加背景图片。选中第一张幻灯片，单击"设计"功能区"背景"域中"背景样式"按钮，在下拉菜单中选择"设置背景格式"命令，在"设置背景格式"对话框中选择"图片或纹理填充"，单击"文件"按钮，选择背景图片\第 4 章\p4-2-1-1.jpg，单击"关闭"按钮退出背景格式设置。按同样的方法，选中第二张幻灯片，添加背景图片\第 4 章\p4-2-1-2.jpg；选中第三张幻灯片，添加背景图片\第 4 章\p4-2-1-3.jpg；选中第四张幻灯片，添加背景图片\第 4 章\p4-2-1-1.jpg。画面效果参考\第 4 章\样张 p4-2-1-1.jpg。

② 设置导航。选中第一张幻灯片，选中 "配乐诗词"所在的文本框，单击"插入"功能区"链接"域中的"动作"按钮，在"动作设置"对话框中，选择"单击鼠标"选项卡，选中"超链接到"单选按钮，在下拉列表框中选择"幻灯片"，打开"超链接到幻灯片"对话框，选择"诗词诵"后单击"确定"按钮。选中第二张幻灯片，选择"南非世界杯"所在的文本框，操作步骤与"配乐诗词"一样。

③ 按同样方法，对第二、第三张幻灯片上的"上一页"、"下一页"、"回到演示导航"三个按钮设置导航。

④ 设置背景音乐。选中第二张幻灯片，单击"插入"功能区"媒体"域中的"音频"按钮，在下拉菜单中选择"文件中的音频"命令，插入素材文件\第 4 章\bg.mp3，单击"确定"按钮插入幻灯片中。选中音频图标，单击"音频工具"/"播放"功能区"音频选项"域中选择"循环播放，直到停止"和"放映时隐藏"两个复选框，在"开始"下拉列表框中选择"自动"选项。

⑤ 制作视频特效。选中第三张幻灯片，单击"插入"功能区"媒体"域中的"视频"按钮，在下拉菜单中选择"文件中的视频"命令，插入素材文件\第 4 章\p4-2-1-1.wmv，在弹出的对话框中选择"在单击时"播放视频。调整视频大小和位置，单击"视频工具"/"格式"功能区"调整"域中的"标牌框架"按钮，在下拉菜单中选择"文件中的图像"命令，在"插入图片"对话

框中选择素材文件\第 4 章\p4-2-1-4.jpg，单击"插入"按钮替换视频外观图片。单击"视频样式"域中切换样式下拉按钮，在弹出的样式列表中为视频选择合适的外观样式。

⑥ 制作完成后，单击演示文稿放映按钮，完整播放演示文稿，测试制作效果。

⑦ 保存文档。设置完成后，单击放映方式按钮观看效果，经调整满意后，将演示文稿以 ppt-4-2-1.pptx 为文件名保存到教师指定的文件夹中。

实验任务二 交互式演示文稿的制作

任务知识点

- 动画。
- 触发器。
- 文本框。

目标和要求

- 掌握制作带触发器幻灯片的基本技能。
- 熟练运用动画制作幻灯片的基本技能 Windows 7 系统的常规设置。
- 熟练掌握交互式演示文稿的制作技能。

操作步骤

1. 任务描述

制作一个有两页的知识竞答演示文稿，第一页共有 6 个试题，每题有 10 秒的解答时间，单击题号跳转相对应的题目，进度条完全变黑后自动返回选题界面，答过的试题不再参与竞答；第二页的试题应答采用答对给笑脸，答错给哭脸的方式。

2. 操作指导

① 制作提示页。打开素材文件\第 4 章\ppt-4-2-2.pptx 和\第 4 章\ppt-4-2-2.txt，将文本文件中的标题和答题规则复制到幻灯片中。绘制 6 个圆角矩形并在其中添加题号。为了便于后面的操作，单击"绘图工具"/"格式"功能区"排列"域中的"选择窗格"按钮，打开"选择和可见性"任务窗格，将幻灯片中的对象重新命名，如将题号对应的圆角矩形分别命名为"题 1"～"题 6"。在幻灯片的顶端绘制一个圆角矩形作为进度条，命名为"进度条"，复制该进度条并覆盖在原进度条上，将其颜色填充为黑色，命名为"黑色进度条"。操作效果参见样张 p-4-2-2-1.png。

② 制作试题页。插入一个文本框，将第一题的试题内容复制到文本框内，文本框填充颜色使其与整体幻灯片协调，调整文本框内文字和文本框的大小使其刚好覆盖提示页的文字和题号，命名该文本框为"第一题"。按同样的方法，制作第二题～第六题的试题页。

③ 为黑色进度条添加动画。选中黑色进度条，为其添加进入动画"自左至右"、"切入"，开始方式为"上一项之后开始"，时间间隔为"10 秒"，再为黑色进度条添加"消失"的退出动画。

④ 添加触发器。选中"第一题"对象，为其添加进入动画，在自定义动画任务窗格中，设定其开始方式为"单击时"，鼠标右击"第一题"动画，在快捷菜单中选择"计时"命令，在打开的对话框中打开触发器，选中"单击下列对象时启动效果"选项并选择"题 1"；对黑色进度条的进入动画同样设定触发器为"单击下列对象时启动效果"、"题 1"；设定黑色进度条的退出动画的

触发器同样为"单击下列对象时启动效果"、"题 1"。添加"题 1"、"第一题"的"消失"退出动画，同样设定触发器为"单击下列对象时启动效果"、"题 1"。

⑤ 同样方法为"第二题"~"第六题"添加触发器动画效果，触发器依次改为"题 2"~"题 6"。完成后"自定义动画"任务窗格中的显示情况可参考样张 p4-2-2-2.png。

⑥ 制作带反馈结果的试题页。单击"开始"功能区"幻灯片"域中的"新建幻灯片"按钮，在下拉菜单中选择"版式"为"标题幻灯片"。插入文本框，将试题内容添加到幻灯片上，每个答案分别为以文本框，并分别命名为"答案 A"、"答案 B"、"答案 C"、"答案 D"。在幻灯片的左上角添加一个"笑脸"形状，改变填充色，并命名为"笑脸"；复制一个笑脸形状，拖动黄色控制点改变为沮丧形状，改变填充色，并命名为"沮丧"。使两个图案重叠。

⑦ 选中这两个形状，为它们添加出现动画。选中"沮丧"形状，在自定义动画任务窗格中，设定其开始方式为"单击时"，鼠标右击"沮丧"动画，在快捷菜单中选择"计时"命令，在打开的对话框中打开触发器，选中"单击下列对象时启动效果"选项并选择"答案 A"，在"效果"选项卡中设置"声音"为"捶打"，并设置"动画播放后变暗"；按同样的方式对"答案 B"和"答案 D"设置为触发"沮丧"的条件；选中"笑脸"形状，在自定义动画任务窗格中，设定其开始方式为"单击时"，鼠标右击"笑脸"动画，在快捷菜单中选择"计时"命令，在打开的对话框中打开触发器，选中"单击下列对象时启动效果"选项并选择"答案 C"，在"效果"选项卡中设置"声音"为"鼓掌"，并设置"动画播放后变暗"。

⑧ 保存文档。设置完成后，单击放映按钮观看效果，经调整满意后，将演示文稿以 ppt-4-2-2.pptx 为文件名保存到教师指定的文件夹中。

4.3 综合实验

综合实验一

任务知识点

- 幻灯片创建。
- 数据表对象及添加。
- SmartArt 对象及添加。

目标和要求

- 理解在幻灯片中添加对象的基本概念。
- 掌握在幻灯片中添加对象的基本技能。

操作步骤

1. 任务描述

选择合适的模板创建一个《商品销售统计报告》演示文稿。要求在幻灯片中利用 Excel 表中的数据生成相应的数据图表；并依据公司结构生成组织结构图。效果如图 4-1 所示。演示文稿中要求包含幻灯片的切换效果和动画。

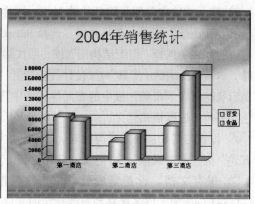
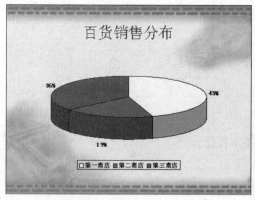
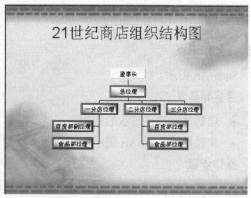

图 4-1　"商品销售统计报告"演示文稿效果

2．操作指导

① 启动 PowerPoint 新建空白演示文稿，选择一个合适的主题。在标题幻灯片也输入标题和副标题。文本和数据均在素材文件\第 4 章\ppt-4-3-1.xlsx 中。

② 单击"开始"功能区"幻灯片"域中的"新建幻灯片"按钮，在下拉菜单中选择"标题和内容"版式。输入标题文字"2004 年销售额统计"，单击幻灯片"内容"区域中的"插入图表"按钮，在打开的"插入图表"对话框中选择所需的图表类型，会打开一个 Excel 数据工作表，进入图表编辑方式。对该数据工作表作如下操作：先删除表中原来的数据，然后输入新的数据（也可将 Excel 数据表中的数据利用剪贴板复制到该数据工作表中）。关闭 Excel 数据表或直接切换到 PowerPoint 中，就能看到生成的数据图表。

③ 可以像在 Excel 中一样对数据图表进行格式化处理。如右击数据系列，在快捷菜单中选择"设置数据系列格式"命令，在打开的对话框中选择"形状"可以改变柱体的形状，选择"填充"可以设置每个柱体的填充色，选择"边框颜色"可以设置每个柱体的边框色，还可以选择其他格式项进行设置。

④ 同样方法插入新幻灯片，输入标题文字"百货销售分布"，单击幻灯片中"内容"区域的"插入图表"按钮，在打开的"插入图表"对话框中选择图表类型为"饼图"，在打开的 Excel 数据工作表进行数据编辑。关闭 Excel 数据表或直接切换到 PowerPoint 中，就能看到生成的数据图表,设置图例位置及数所标志（操作方法与 Excel 中的操作方法相同）。

⑤　演示文稿中第四张幻灯片的制作。同样方法插入新幻灯片，单击"内容"区域中的"插入 SmartArt 图形"按钮，在打开的"选择 SmartArt 图形"对话框中选择图形类型为"层次结构"，在右边的列表中选择"组织结构图"或"层次结构"。依层次关系输入各层职位内容，需要添加职位时，单击"SmartArt 工具"/"设计"功能区"创建图形"域中的"添加图形"按钮，需要改变布局形状时可在"布局"域中的布局样式库中选择，也可以单击"SmartArt 样式"域中的"更改颜色"等按钮进行格式定义。

⑥　设置幻灯片切换方式与动画。如幻灯片切换设置为"盒状收缩"，"速度"为"中速"，"换片方式"为"单击鼠标"。自定义幻灯片上各个对象的动画效果。

⑦　保存文档。设置完成后，单击放映按钮观看效果，经调整满意后，将演示文稿以 ppt-4-3-1.pptx 为文件名保存到教师指定的文件夹中。

综合实验二

任务知识点

SmartArt 图示。

目标和要求

● 理解 SmartArt 图示的作用。

● 掌握利用 SmartArt 图示创建演示文稿的基本技能。

操作步骤

1. 任务描述

利用 PowerPoint 的文本转换为图示的功能，将素材中的文本型的议程转换为图示化的议程，利用 SmartArt 图示生成马斯洛需求层次理论图和企业职位说明。

2. 操作指导

①　打开素材文件\第 4 章\ppt-4-3-2.pptx，定位在第一页，选中内容中的全部文本，单击"开始"功能区"段落"域中的"转换为 SmartArt 图形"按钮，在打开的下拉菜单中选择合意的图示形状，或者选择"其他 SmartArt 图形"命令，打开"选择 SmartArt 图形"对话框，从中选择合意的类型和形状。单击"确定"按钮完成转换。转换完成后，通过属性设置可以进一步优化 SmartArt 图示的配置。

②　选中幻灯片的第二页，单击"插入"功能区"插图"域中的 SmartArt 按钮，打开"选择 SmartArt 图形"对话框，在第一列中选择"棱锥图"，在第二列中选择"基本棱锥图"。将素材文件\第 4 章\ppt-4-3-2.txt 中的文本，依次添加到基本棱锥图相应的层次上。选中图示中的某个形状，单击"SmartArt 工具"/"设计"功能区"创建图形"域中的"添加形状"按钮，就能在当前层次位置之前或之后添加形状；单击"创建图形"域中的"文本窗格"按钮可以打开文本编辑窗口，进行文本的编辑操作。

③　填充渐变颜色和三维格式。选中所有的形状并右击，在快捷菜单中选择"设置形状格式"命令，打开"设置形状格式"对话框，在左列中选择"填充"，在右列中选中"渐变填充"，并设置产生渐变效果相应的参数；在左列中选择"三维格式"，并设置相应的参数产生三维效果；在左列中选择"三维旋转"，设置 X 轴的角度为"40"；设置完成后单击"关闭"退出。最后为每个图示形状添加一个标注，并设置标注的格式，在标注中添加相应的文本。

④ 选中幻灯片的第三页，单击内容区域中的"插入 SmartArt 图形"，打开"选择 SmartArt 图形"对话框，在第一列中选择"循环"，在第二列中选择"分散射线"后单击"确定"按钮。选中所有的形状（也可以逐个选中形状分别操作），单击"SmartArt 工具" / "格式"功能区"形状样式"域中的"形状效果"按钮，为每个形状选用合适的阴影效果。在每个形状中输入对应的文本（文本内容参考素材文件\第 4 章\ppt-4-3-2.txt），并为每个形状添加标注，输入标注对应的文本内容。

⑤ 保存文档。完成所有操作后，单击放映按钮观看效果，经调整满意后，将演示文稿以 ppt-4-3-2.pptx 为文件名保存到教师指定的文件夹中。

第 5 章 互联网基本应用

5.1 基础实验

实验任务一 网页浏览及信息搜索

任务知识点

- URL、浏览器。
- 搜索引擎。
- 结果查看与保存。

目标和要求

- 了解如何通过搜索引擎获取信息，认识搜索引擎的作用及其信息传递的特点。
- 掌握使用 IE 登录搜索引擎和使用搜索关键词检索的方法。
- 掌握浏览器参数设置、收藏夹整理的方法。

操作步骤

1. 收藏网页地址，删除访问记录

① 打开 IE 浏览器并在地址栏中输入搜索引擎的地址。如：www.google.com.hk、www.baidu.com、www.sogou.com 等。

② 在一个打开的窗口中，单击"查看收藏夹、源和历史记录"按钮或按【Alt+C】组合键，打开收藏中心，单击"添加到收藏夹"按钮，打开"添加收藏"对话框（见图 5-1），单击"新建文件夹"输入名称"搜索引擎"，选择文件夹的位置后，单击"确定"按钮返回"添加收藏"对话框。输入当前网页的名称，单击"创建位置"下拉列表框选择当前网页的位置。

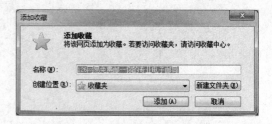

图 5-1 "添加收藏"对话框

③ 选择"收藏夹"选项卡，双击一个文件夹可以打开该文件夹；选择一个收藏的地址后双击可以打开该网站；右击，在快捷菜单中可以选择相应的命令，像整理文件夹一样整理收藏夹，即可以新建分类、移动收藏项等。

④ 单击"工具"按钮打开浏览器菜单，选择"Internet 选项"命令，打开"Internet 选项"对话框（见图 5-2），在"常规"选项卡中，单击"删除"按钮，打开"删除浏览的历史记录"对话框（见图 5-3）。选择"Internet 临时文件"、"Cookie"、"历史记录"等复选框，单击"删除"按钮，可以清除对应的浏览痕迹。

 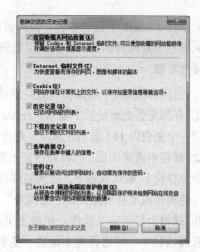

图 5-2 "Internet 选项"对话框   图 5-3 "删除浏览的历史记录"对话框

2. 使用搜索引擎获取信息

① 单击"查看收藏夹、源和历史记录"按钮或按【Alt+C】组合键打开收藏中心,选择"收藏夹"选项卡,打开"搜索引擎"文件夹,任选一个搜索引擎单击。

② 在搜索引擎的检索框中输入关键词:"相机 家用"、"美国 留学 考试"、"网上订购 近期 电影"等进行搜索,词语由空格间隔表示要求同时满足。查看搜索结果,并打开认为可能有用的网页,获取更多相关信息。

③ 使用上述方法将需要的网站地址予以收藏。

3. 通过搜索引擎下载软件

① 在搜索引擎的检索框中输入"Foxmail 下载",检索 Foxmail 软件下载地址。

② 在搜索结果中选取合适的网页打开,按照网页指示下载其中一个版本。

③ 单击页面上的"下载地址",弹出"下载地址列表"对话框。

④ 选择合适的下载地址,在"文件下载"对话框选择合适的下载地址。

⑤ 下载完成后,在保存的文件夹中找到该下载包,双击运行安装程序进行软件的安装。

4. 拓展任务

① 运用搜索引擎查询托福考试的英文名称、如何报名和考试时间,写成检索报告提交。

② 运用搜索引擎查询从上海到广州的火车有几趟,最快几个小时的行程?车次和起始时间等,写成检索报告提交。

实验任务二 电子邮件处理程序的使用

任务知识点

* 电子邮件处理程序的基本设置。
* 电子邮件的发送、接收和回复。
* 收件箱和通讯簿的备份和恢复。

目标和要求

* 了解电子邮件处理程序的基本设置,掌握 Foxmail 处理电子邮件的基本方法。
* 掌握在 Foxmail 中创建邮箱账户和参数设置的操作。

● 掌握 Foxmail 下创建签名、使用信纸创建新邮件，以及使用附件发送邮件的操作。

● 掌握地址簿的创建、联系人组的创建，以及地址簿备份的方法。

操作步骤

1. 使用 webmail 申请邮箱、收发邮件和个性化定义

① 在浏览器的地址栏中输入：email.163.com 登录 163 网站，单击"注册网易免费邮"为自己申请一个免费的 163 或 126 邮箱，建议使用学号作为账户名。

② 邮箱申请成功后，向教师指定的邮箱发送一份邮件，主题为"******的测试信"（***用自己的学号替代）。默认状态下，收到的邮件存放在"收件箱"内，发出的邮件存放在"已发送"内，收件人的邮箱地址自动保存在"通讯录"中。通过参数设置可作个性化定义。

③ 邮箱个性化定义操作。单击主菜单栏中的"设置"按钮，进入"邮箱设置"页面，在左侧的管理项目中，可选择基本设置、签名/电子名片、来信分类、账号与邮箱中心、文件夹和标签等选项。

④ 基本设置中可以设置自动回复，即在收到邮件后，可自动给发件人一个收条。分栏显示功能可以选择一种邮件列表与邮件正文的显示格式。收发件人名称显示设置可以确定邮件发件人的名称显示格式。

⑤ 签名/电子名片设置可以给自己的发信添加一个个性化的签名，以后发信时可以直接添加该签名。

⑥ 来信分类参数的设置。单击"来信分类"链接后进入"来信分类"设置页面，给分类规则设个名称，如"家人"，选择发件人地址，单击"转移到"后的"新建文件夹"按钮，创建"家信"文件夹，单击"确定"按钮后，来信分类规则已经创建，以后收到指定邮箱发来的邮件会自动存放到"家信"文件夹中。

⑦ 账号与邮箱中心可以设置"多账户关联"：关联的其他邮箱账户可以不必再登录而直接从此邮箱中进行切换；"邮箱中心"设置可以将其他邮箱中的邮件直接收录到本邮箱管理器中。

2. 使用 Foxmail 创建两个邮箱账户

① 启动 Foxmail（如实验室中未安装 Foxmail，则参照实验一中的方法自行安装），单击"帮助"按钮，选择"Foxmail 的设置操作及常见问题解决方案"和"Foxmail 的设置方法"选项，了解 Foxmail 等客户端邮件收发软件的设置规则。

② 单击"邮箱"菜单，选择"新建邮箱账户"命令。

③ 在"电子邮件地址"里输入上述实验中申请的邮箱地址******@163.com，若希望收发邮件时能自动登录，则需输入邮箱的密码。

④ 单击"下一步"按钮，根据①中给出的提示，设置邮件发送（SMTP）和接收服务器（POP3）的地址与端口：smtp.163.com，端口：25，pop.163.com，端口：110。

⑤ 同样方法，再创建一个邮箱账户，需要另一个网络邮箱账号（如 QQ 邮箱账号）。创建完成后 Foxmail 左侧窗口栏里会有两个邮箱账户堆栈。

3. Foxmail 选项设置练习

① 启动 Foxmail，在"工具"菜单里单击"系统设置"命令，弹出"设置"对话框。

② 在"设置"对话框的"常规"选项卡里，取消选择"启动"栏的"系统启动时，自动启动 Foxmail"，单击"确定"按钮退出。

③ 单击其中一个邮箱账户，单击"工具"菜单中"签名管理"命令。在弹出窗口中"新建"签名，单击"保存"按钮退出。

④ 单击另一个账户，同样方法创建签名。

4. 收发邮件练习

① 选择一个邮箱账户，在 Foxmail 窗口中单击"撰写"右侧的下拉三角按钮，选择"天空"信纸创建一个新邮件。

②"收件人"输入老师的邮箱地址，"主题"输入"***的作业"（***用学号替代）。

③ 单击"插入"菜单中的"增加附件"命令，或直接单击"附件"链接，在弹出窗口中找到答案文件后，单击"打开"按钮添加附件。

④ 单击新邮件窗口中的"选项"按钮，选择"请求阅读收条"复选框，然后单击"发送"按钮。

5. 通讯簿创建及备份

① 在"工具"菜单里找到"地址簿"选项，单击后在弹出的窗口"地址簿"里单击"新建组"。

②"组"命名为"亲属"，单击"增加"按钮，在弹出窗口选择已有联系人，或单击左下角"新建"按钮，输入联系人的姓名和邮箱地址，单击"确定"按钮退出。按同样方法创建"同学"联系人组。

③ 回到"地址录"窗口，单击"工具"菜单中"导出"命令，选取任意一种文件格式，将其保存在计算机硬盘中。

6. 拓展任务

① 运用 Foxmail 创建不同风格的"祝福"邮件，分别群发给不同的联系人组。

② 同学之间相互合作，发送一封加密的邮件给对方，写出加密邮件收发的方法。

实验任务三　文件传输工具的使用

任务知识点

- 浏览器登录 FTP。
- FTP 工具的使用。

目标和要求

- 了解 FTP 文件传输特点，掌握运用 FTP 工具进行上传和下载的作业。
- 掌握本地搭建 FTP 服务器的方法。
- 掌握使用匿名和注册两种访问方式登录 FTP 服务器的方法。

操作步骤

1. 通过 Web 浏览器登录 FTP 服务器

打开 IE 浏览器，在地址栏内输入 ftp://ftp.pku.edu.cn/，按【Enter】键。当连接成功后，浏览器窗口显示出该服务器上的文件夹列表，如图 5-4 所示。单击进入某文件夹选取一文件，自动弹出下载窗口，然后选择保存路径。

2. 通过 FileZilla 软件登录 FTP 服务器

① 利用搜索引擎检索或由实验室提供 FileZilla 软件，下载并安装到本地计算机上。

② 成功安装 FileZilla 软件后，双击图标打开界面。在图 5-5 所示的"主机"文本框中输入 ftp.pku.edu.cn 后，单击"快速连接"按钮或直接按【Enter】键，以匿名用户登录。

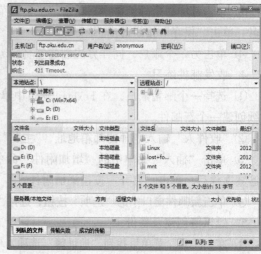

图 5-4　浏览器登录 FTP 服务器　　　　　　图 5-5　通过 FileZilla 软件登录 FTP 服务器

③ 连接成功后命令窗口会显示"已连接"，右侧窗栏中显示出该服务器上的文件夹列表。

④ 在左侧"本地站点"窗栏中选择下载文件将要保存的文件夹。打开"远程站点"的某文件夹，选取一文件后右击，在弹出的快捷菜单中选择"下载"命令，或直接将文件拖动至左侧的本地文件夹下。

⑤ 打开资源管理器，找到下载文件所在的文件夹，对下载的文件进行相关处理。

3. 在 FileZilla 中设置站点管理

① 在 FileZilla 界面中打开"文件"菜单，选择"站点管理器"命令，在弹出对话框中单击"新站点"按钮，命名为 ftp.test，如图 5-6 所示。

② 在右侧"通用"选项卡中依次输入站点信息。"主机"设为 FTP 服务器的 IP 地址（如：ftp.pku.edu.cn）、"端口"输入服务器的端口、"服务器类型"为 FTP-File Transfer Protocol、"登录类型"选择设为"匿名"或"一般"，设为"一般"时需要输入"用户"和"密码"。

4. 使用站点管理器快速登录 FTP 服务器

① 在 FileZilla 界面中单击"打开站点管理器"右侧的箭头，选择 ftp.test 选项，如图 5-7 所示，可直接登录指定的 FTP 服务器。

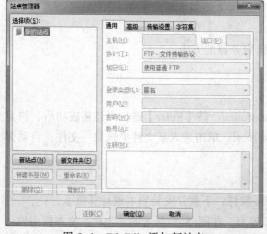

图 5-6　FileZilla 添加新站点　　　　　　　　图 5-7　选择站点快速登录

② 登录后按前述方法进行文件的下载操作。

5. 拓展任务

使用 FTP 方式，将实验任务一拓展任务的答案保存，并压缩成一个文件名为"学号+姓名"的文件上传到教师指定的 FTP 服务器上。

实验任务四　即时通信工具的使用

任务知识点

即时通信及其工具的使用。

目标和要求

- 了解即时通信的含义。
- 掌握常用即时通信工具的使用。
- 学会工具软件参数的设置。

操作步骤

1. QQ 设置（以 QQ 2013 为例）

① 启动 QQ。如果实验室没有安装 QQ，先使用搜索引擎找到 QQ 软件并下载、安装，安装完成后启动 QQ，如图 5-8 所示。

② 使用 QQ 需要注册 QQ 号。如已有 QQ 号则直接进入下一操作。单击界面上的"注册账号"链接后按照要求填写相关信息："昵称"为网上显示的名称，"密码"一般为字母与数字的组合，"确认密码"为密码的第二次输入以确认密码没有输错。注册完成后，系统会给你设定一个 QQ 号（也可以使用手机号作为 QQ 号），用 QQ 号登录（如果使用邮箱注册的，则使用邮箱进行登录）即可使用即时通信工具 QQ 了。

③ 在登录窗口中输入 QQ 号和密码，单击登录后启动 QQ 客户端（见图 5-9）。将光标依次移到客户端上的每个图标上，在 QQ.txt 文件中，记录每个图标显示的功能名称，并了解和记录每项功能的基本作用。

图 5-8　"登录"或"注册"QQ　　　　　　　　图 5-9　QQ 客户端主窗口

④ 单击"打开系统设置"图标，打开"系统设置"对话框（见图 5-10），分别对基本设置中的登录、主面板、状态、会话窗口、提醒、文件管理等项目进行自行设置，观察设置后的效果，记录在 QQ.txt 文件中。

2. 管理联系人及创建群组

① 在主菜单中单击"好友管理器"按钮，打开"好友管理器"窗口（见图 5-11），在"好友分组"选项卡中可以进行好友分组的操作：单击"点击添加分组"图标可以创建并设置分组的名称。创建（如高中同学、大学同学、老师等）分组后，在分组名称上右击，查看并在 QQ.txt 文件中记录可以进行哪些分组的操作。

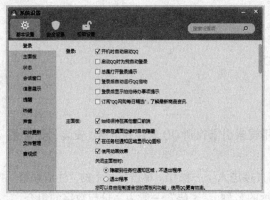

图 5-10 "系统设置"主菜单

图 5-11 好友管理器

② 单击"全部好友"链接，在右侧的好友列表中选择一位好友后右击，查看并在 QQ.txt 文件中记录可以进行哪些对好友的操作。并将好友依次移动到上述创建的相应分组中。

③ 单击"视图"图标，分别查看自己好友的性别、年龄、位置分布情况。

④ 打开 QQ 客户端，单击"群/讨论组"选项，选择"创建-创建群"命令，打开"创建群"对话框选择一个合适的群类别（见图 5-12），输入群名称和相关信息（见图 5-13）后进入下一步，单击"从联系人列表中选择"链接，选择小组成员后"发送邀请"，对方接收邀请后即可进行群组讨论。

图 5-12 创建群之选择群类别对话框

图 5-13 创建群之群信息填写对话框

3. 文件传输和资源共享

① 选择一个需要向其提供文件的好友，打开对话窗口，单击"传送文件"按钮，可以选择

"发送文件/文件夹"、"发送离线文件"或"发送微云文件"三个选项之一，如图 5-14 所示，都可将需要共享的文件或文件夹发送给对方。请通过查询了解三种方式的异同，并将查询结果填写到 QQ.txt 文件中。

② 选择一个群双击打开群对话窗口，单击"群共享"（见图 5-15），可选择"打开群共享"、"上传永久文件"或"上传临时文件"三项之一，可将需要共享的文件让群中全体好友共享。请通过查询了解三种方式的异同，并将查询结果填写到 QQ.txt 文件中。

③ 将光标依次移到群对话窗口上的每个按钮上，查看并在 QQ.txt 文件中记录可以在"群"中进行哪些操作。

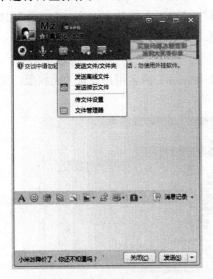
图 5-14　向好友发送文件

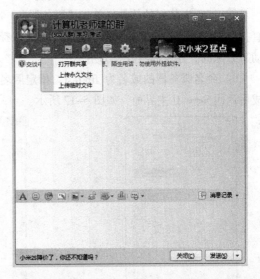
图 5-15　群好友间共享文件

4. 拓展任务

相邻座位同学分组，使用 QQ 进行群组通信、群共享和文件传输的实验。

5.2　提高实验

实验任务一　FTP 网络服务的搭建

任务知识点

- FTP 服务。
- 常用网络命令。
- 网络故障诊断。

目标和要求

- 学会使用 Serv-U FTP Server 搭建个人 FTP 服务器。
- 掌握 Serv-U FTP Server 的使用方法。
- 学会常用网络命令的使用。
- 学习简单网络故障诊断。

操作步骤

1. 查看本机 IP 地址，测试网络状况

① 选择"开始"/"运行"命令，在打开的对话框中输入 cmd，按【Enter】键打开"命令提示符"窗口。

② 在命令提示符窗口中输入 ipconfig 后按【Enter】键，将查到的 IP Address 保存到文件 iptest.txt 中。

③ 在命令提示符窗口中输入 IPConfig/all 后按【Enter】键，将显示的数据保存到文件 iptest.txt 中。

④ 在命令提示符窗口中输入 ping www.baidu.com 后按【Enter】键，将显示数据保存到文件 iptest.txt 中。

2. 用 Serv-U FTP Server 软件，搭建一个 FTP 服务器

① 利用搜索引擎检索或由实验室提供 Serv-U 软件，下载并安装到本地计算机上。

② 打开安装好的软件，单击"服务器"/"新建服务器"/"输入本机 IP 地址"。或如图 5-16 直接在左侧区域右击"域"图标，在弹出的快捷菜单中选择"新建域"命令（如果您的 IP 地址是动态分配的，建议此项保持为空）。

③ 命名服务器的域名为 ftp.test，指定匿名用户主目录 e:\anon，匿名用户设置为无权限，完成后返回 Serv-U 主界面，如图 5-17 所示。

图 5-16　新建域

图 5-17　设置 FTP 的访问目录

④ 在界面左侧的堆栈中找到刚才创建的域，右击"用户"图标，在弹出的快捷菜单中选择"新建用户"命令，创建新的用户 anonymous。选择新建的匿名用户 anonymous，在右侧窗口选择"目录访问"选项卡，设置用户目录属性，在右侧的选项内选择"读取"、"列表"、"继承"复选框，如图 5-18、图 5-19 所示。

图 5-18　新建用户

图 5-19　设置匿名用户的访问权限

⑤ 右击左侧堆栈中"用户"图标，在快捷菜单中选择"新建用户"，输入用户名 test 和密码，注册用户访问目录为 e:\ftp\test。按照上述方法，将该用户的"目录访问"属性设置为"读取"、"写入"、"追加"、"删除"、"列表"、"继承"，如图 5-20 所示。

⑥ 在创建的访问目录 e:\anon 和 e:\ftp\test 中分别复制一些文件备用。

3. 测试 FTP 服务器

① 测试匿名登录：在浏览器的地址

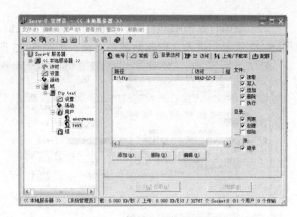

图 5-20　设置管理员的访问权限

栏中输入：ftp://本机的 IP 地址，选择匿名登录，登录成功可以见到刚才复制到 e:\anon 中的文件，并能下载。

② 测试命名登录：使用基础实验的实验三中所练习的 FTP 工具登录，服务器地址：本机 IP 地址，用户名：test，密码：上述设置的密码。登录成功后，可以见到刚才复制到 e:\ftp\test 中的文件。此时可进行文件的上传、下载和删除操作。

③ 上传文件：在图 5-15 所示的左窗格中选择需要上传文件的磁盘和文件夹，选择需要上传的文件并右击，在弹出的快捷菜单中选择"上传"命令，或者直接用鼠标将文件拖动到右侧窗栏中。

④ 删除文件：在图 5-15 所示的"远程站点"下，选择要删除的文件，右击，在弹出的快捷菜单中选择"删除"。

4. 拓展任务

相邻同学之间相互合作，搭建一个个人 FTP 服务器，用于共享个人计算机上的音乐和电影。要求设置三种不同的用户权限，分别为：管理员、会员、访客。

实验任务二　网络讨论的应用

任务知识点

网络论坛、网络社区。

目标和要求

- 学习运用 BBS 论坛进行话题讨论、交流、疑难解答。
- 了解网络讨论的基本模式。
- 学习注册百度的个人账户，登录社区论坛，浏览专题版块，并参与讨论。
- 开设个人空间，在网络上发表和张贴个人日志。

操作步骤

1. 网络讨论平台的应用

① 用浏览器登录 www.baidu.com，在百度主页面右上角单击"注册"按钮，根据提示注册百度账号，并登录激活个人空间。

② 在百度页面选择"贴吧"，进入讨论社区。可以在贴吧首页选择感兴趣的专题，也可以在搜索条中输入关键词，查询相关的贴吧，图 5-21 所示为"nba 贴吧"。

③ 返回百度贴吧的首页，右侧可以看到个人信息栏，单击下方的"创建贴吧或俱乐部"，如图 5-22 所示，进入"创建贴吧"页面，如图 5-23 所示。

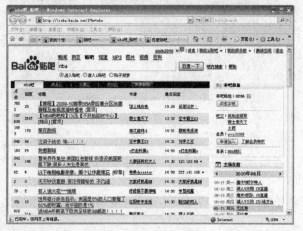

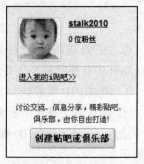

图 5-21　专题百度贴吧　　　　　　　　　　　　　图 5-22　个人信息栏

④ 百度贴吧里可以创建"公共贴吧"和"会员贴吧"两种讨论组，具体区别可参照创建按钮下方的说明文字。这里以"创建贴吧俱乐部"为例。

⑤ 单击"创建贴吧俱乐部"按钮后进入创建界面，如图 5-24 所示，输入名称、简介、目录和标签，设置合适的"目录"和"标签"，可以方便用户查找并参与讨论。

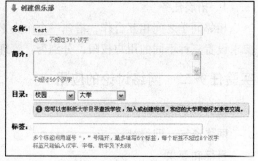

图 5-23　创建贴吧的页面　　　　　　　　　　　图 5-24　创建俱乐部信息

⑥ 俱乐部类型有两种，分别是"公开俱乐部"和"私密俱乐部"，具体区别参阅选项下方的说明文字，根据需求进行选择，如图 5-25 所示。

⑦ 设置完成后，认真阅读"百度贴吧的创建协议"，单击"同意以下协议并创建俱乐部"按钮，完成贴吧的创建，如图 5-26 所示。

图 5-25　选择俱乐部类型　　　　　　　　　　　图 5-26　创建成功等待审核

⑧ 俱乐部通过审核后，系统消息里会收到一封通知，如图 5-27 所示。单击消息中给出的链接进入创建的俱乐部。在俱乐部首页中单击"邀请朋友"链接，可以在弹出界面里选择多种方式邀请朋友加入俱乐部，如图 5-28 和图 5-29 所示。

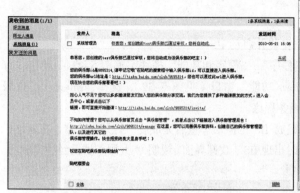

图 5-27　俱乐部审核通过消息

图 5-28　俱乐部首页中"邀请朋友"

⑨ 对俱乐部进行设置和管理，可以切换到首页，在右侧的窗口中单击进入设置或管理界面，如图 5-30 所示。

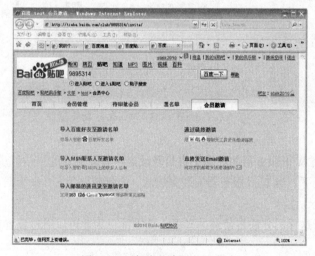

图 5-29　多种邀请朋友的方式

图 5-30　俱乐部管理后台入口

2. 拓展任务

在网络上搜索可利用的云盘、云空间网站，创建个人云空间，并将需要经常使用的文档上传到云空间，将个人云空间的链接地址 Email 给任课教师。

实验任务三　Web 网络服务器的搭建

任务知识点

- Web 服务。
- 网站、协议。
- 网页。

目标和要求

- 学会使用 IIS 搭建本地 Web 服务器。
- 掌握 IIS 的基本配置方法。

操作步骤

1. 安装 IIS 服务

要使用 Windows 提供的 Web 服务需要先安装并启动 IIS。

① 打开"控制面板"窗口，选择进入"程序"/"程序和功能"模块（见图 5-31），单击"打开或关闭 Windows 功能"命令，打开"Windows 功能"窗口（见图 5-32），选择"Internet 信息服务"后单击"确定"按钮，系统将安装 IIS 服务程序。

② 安装完成后系统需要重启一次，以便完成 IIS 的激活。重启完成后，打开浏览器，在地址栏中输入 http://localhost/后按【Enter】键，如果此时出现 IIS 7 欢迎界面，说明 Web 服务器已经搭建成功。

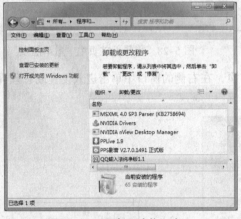

图 5-31　"程序和功能"窗口

图 5-32　Windows 功能窗口

2. 配置 IIS 参数

当 Web 服务器搭建成功后，只要将 Web 服务器的虚拟主机目录设定为开发完成的网站目录，就能在浏览器下浏览网站了。一般情况下，当 Web 服务器安装完成后，会创建路径"%系统根目录%inetpub/wwwroot"作为虚拟主机目录。

当有多个网站需要设计或浏览时，这样的方法将使网站显得十分零乱，为此可以通过设置虚拟站点的方式予以解决。

打开"控制面板"窗口，选择进入"管理工具"模块，双击"Internet 信息服务（IIS）管理器"链接，打开"Internet 信息服务（IIS）管理器"窗口，选择"Internet 信息服务"后单击"确定"按钮，系统将安装 IIS 服务程序。

将本章素材文件"\第 5 章\myweb"文件夹复制到 C 盘根目录下，作为网站文件的存放目录。

① 打开"控制面板"窗口，选择进入"管理工具"模块，双击"Internet 信息服务（IIS）管理器"链接，打开"Internet 信息服务（IIS）管理器"窗口，选择"Internet 信息服务"后单击"确定"按钮，进入 IIS 设置界面。

② 选择 Default Web Site，并双击 ASP 的选项。在行为中"启用父路径"，即选择 True 即可。

③ 配置 IIS 的站点。单击右边的"高级设置"选项，设置网站的目录：选择"物理路径"，输入"C:\myweb"。

④ 单击右侧的"绑定"链接，设置网站的"端口"。单击"默认文档"链接，设置网站的默认文档。至此，ASP Web 网站服务器搭建完成。可打开浏览器进行测试。

⑤ 打开浏览器，在地址栏内输入 http://localhost/，浏览器内将显示该网站的资源信息。

5.3　综合实验

综合实验一

任务知识点

- 网络搜索。
- 网络交互工具。
- 电子邮件及相关软件的应用。

目标和要求

- 了解网络信息资源的获取和交流方式，灵活运用网络工具。
- 搜索经典文学作品中的名言警句，并分类整理发送到小组 FTP 中。
- 通过 QQ 或 Email 的形式在小组中交流。

操作步骤

1. 通过网络搜索并整理相关信息和资料

① 打开搜索引擎，在搜索栏里输入关键词："经典文学作品 名句"。在搜索结果中选择需要的网页面打开，使用"网页快照"或复制文本资料的方式获取相关资料。

② 将整理好的文本资料进行分类，可按照"西方"、"东方"或者"生活"、"情感"、"励志"等分类方式进行。

2. 通过多种方式进行网络信息交流和传递

① 以小组为单位搭建一个小组 FTP 服务器，管理员登录小组 FTP，新建一个名为"经典文学名句"的文件夹，并在其中以分类的标题创建若干子文件夹。

② 小组各成员通过 FileZilla 工具匿名登录 FTP 的目标文件夹，将各自搜集的资料上传放置在相应的子文件夹中。下载其他成员上传的资料以供参考。

③ 分别将 FTP 服务器的结果界面和本地下载后的结果文件夹列表，以屏幕截图的形式（图片需经过优化处理），保存到 P5.3.1.docx 文件中。

3. 利用 Foxmail 共享名言名句

① 打开 Foxmail 后，选择邮箱账户，单击"撰写"链接并打开"信纸"列表，选择一种信纸形式，或者单击"信纸管理"链接，在弹出窗口中，以 Foxmail 提供的信纸为模板，自定义一个新的信纸。

② 将选定的名言复制粘贴在邮件里。按照需要设置字体、字体颜色等。

③ 填写教师指定的收件人邮箱地址及邮件主题。单击"发送"按钮。

综合实验二

任务知识点

- 网络搜索。
- 通过邮箱工具制作电子明信片。

目标和要求

- 理解并掌握获取网络资源的手段。
- 掌握通过网络搜索获取的图片素材并制作电子明信片的方法。

操作步骤

1. 制作一张电子明信片

① 通过网络搜索引擎，选择一张合适的图片，或使用本地照片。

② 打开 Foxmail，选择邮箱账户后单击"撰写"右侧的▽符号，在下拉菜单中选择"明信片"命令，如图 5-33 所示。

③ 在弹出的"新邮件"窗口中，开始制作电子明信片。在"选模板"选项卡中，模板分为"节日"、"趣味"、"商务"、"生日"四类，任选一类后，在其右侧的滑动窗口里选择合适的模板，如图 5-34 所示。

图 5-33 选择"明信片"选项   图 5-34 选择模板

④ 单击创建区右上角"打开自己的照片"链接，在弹出对话框中找到目标图片打开，如图 5-35 所示。

⑤ 选定图片嵌入模板的某个区域后，将光标移至该区域，通过显示出的滑动条调整图片的缩放比例，如图 5-36 所示。

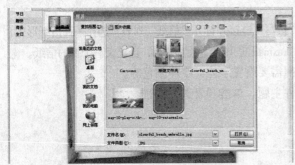 

图 5-35 打开自己的照片   图 5-36 调整图片在模板中的显示大小

⑥ 切换到"贴邮票"选项卡，选择合适的邮票图案，在明信片上可以通过鼠标将邮票滑动到合适位置放置，如图 5-37 所示。

⑦ 切换到"盖邮戳"选项卡，选择合适的邮戳图案，在明信片上可以通过鼠标将邮戳附着在邮票上放置，如图 5-38 所示。

图 5-37　贴邮票　　　　　　　　　　　　图 5-38　盖邮戳

⑧ 填写完收件人地址，单击"发送"按钮。

2. 拓展任务

制作一张含有学校风景的电子明信片发送给教师指定的邮箱。

第 6 章　网页制作应用

6.1　基 础 实 验

实验任务一　网站和网页的创建和管理

任务知识点

- Dreamweaver 工作环境。
- 网站和网页的建立。
- 网页文本的编辑和格式化。

目标和要求

- 熟悉 Dreamweaver 的基本操作环境。
- 掌握利用 Dreamweaver 创建网站的基本方法。
- 掌握新建简单的网页和对网页文本格式化的操作方法。

操作步骤

1. 任务描述

① 在 E 盘上建立一个学号为名称的文件夹，在此目录下创建一个名为 Myweb1 的站点，在 Myweb1 站点根目录中新建一个文件夹 media 用于存放网页中所用到的多媒体素材。

② 新建一张 main.htm 网页，网页的标题为"鸟的领地、繁殖与迁徙"，网页背景色为 AAFFFF，在 main.htm 网页中输入文字"鸟的领地、繁殖与迁徙"。设置字体为红色、华文新魏、36 磅、居中。

③ 输入一段文字，文字内容由实验素材提供或从网上下载，小标题"领地"、"繁殖"、"迁徙"，设置字体为隶书、蓝色、30 像素、居中。其他文字大小为 20 像素，其余参数为采用默认值。

④ 在网页底部插入一条水平线，水平线下方输入友情提示、版权信息和联系方式，字体大小合适，效果如图 6-1 所示。

2. 设置基本参数

① 在 E 盘上创建以自己的学号为名的文件夹，若该文件夹已经存在，则省略该步骤。

② 打开 Dreamweaver 主界面，并熟悉窗口的各个组成部分，包括标题栏、菜单栏、工具栏、属性面板和编辑区。

③ 选择"编辑"/"首选参数"命令，弹出"首选参数"对话框，选择左边"分类"为"常规"选项，在右边选择"允许多个连续的空格"复选框（如果该选项已选，则省略），其余参数使用默认值。

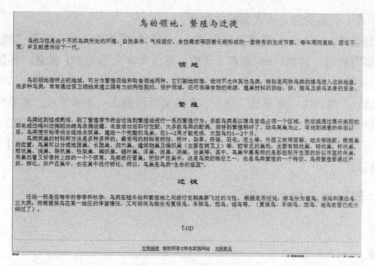

图 6-1　main.htm 网页

3. 建立站点

① 选择"站点"/"管理站点"命令，弹出"管理站点"对话框，单击"新建"按钮。

② 在打开的站点定义窗口，设置站点名称为 Myweb1，单击"下一步"按钮。

③ 设置是否使用服务器技术。选择"否"选项，单击"下一步"按钮。

④ 设置文件的编辑方式和站点的存储位置。单击"下一步"按钮。

⑤ 设置连接远方服务器的方式，选择"无"选项。单击"下一步"按钮。

⑥ 在最后总结一栏中查看前面设置的基本信息。单击"完成"按钮。

4. 建立网页

① 选择"文件"/"新建"命令，弹出"新建文件"对话框，选择"基本页"为 HTML 项，单击"确定"按钮。

② 在标题框中输入文字"鸟的领地、繁殖与迁徙"。

③ 在属性面板中，单击"页面属性"按钮，弹出"页面属性"对话框，设置页面背景为"淡蓝色"（#AAFFFF）。

④ 在网页编辑窗口中输入文字"鸟的领地、繁殖与迁徙"。选中输入的文字，在属性面板中选择"字体"下拉列表框中的"编辑字体"选项，弹出"编辑字体列表"对话框，在"可用字体"中选择所需的字体,把该字体添加到"选择的字体"列表框中（如果所需字体在"字体"下拉列表框中已经具有，则这一步可省略）。设置字体为红色、华文新魏、36 像素、居中。当弹出图 6-2 所示的"新建 CSS 规则"对话框时，选择器名称输入 a1，单击"确定"按钮，为标题

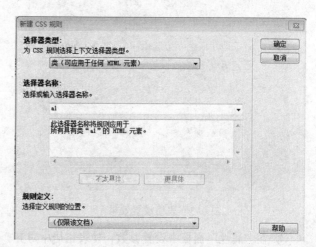

图 6-2　"新建 CSS 规则"对话框

建立一个 CSS 样式（下面要建立样式都按此处理）。

⑤ 打开素材文件 text61.txt，把该素材中的文字复制到网页中，将小标题"领地"、"繁殖"、"迁徙"设置字体为隶书、蓝色、30 像素、居中。其他文字大小为 20 像素，其余参数为采用默认值。在文档后面输入文字 top。

⑥ 选择"插入"/HTML/"水平线"命令，在网页后面插入一条水平线，水平线下方输入"友情链接"，版权信息和联系方式，插入©符号时，单击"插入"/HTML/"特殊字符"命令。

⑦ 保存网页。选择"文件"/"保存"命令，以 main.htm 文件名保存，按【F12】键在浏览器中进行效果测试。

实验任务二　网页中表格的应用

任务知识点

- 表格创建。
- 表格的格式编辑。

目标和要求

- 掌握表格创建的方法。
- 掌握表格属性设置的方法。
- 掌握在 Dreamweaver 中使用表格布局页面的方法。

操作步骤

① 在实验任务一创建的站点 Myweb1 下创建表格网页并格式化，效果如图 6-3 所示。

② 打开 Myweb1 网站，选择"文件"/"新建"命令，弹出"新建文档"对话框，选择"空白页"，然后再选择 HTML，单击"创建"按钮新建一个空白网页。在标题框中输入文字"个人简历表"。

③ 选择"插入"/"表格"命令，插入一个 4 行 1 列，宽度为 750 像素的表格，边框粗细为 1 像素，单元格边距为 1，单元格间距为 2，如图 6-4 所示。

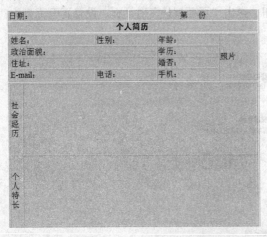

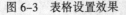

图 6-3　表格设置效果　　　　　　　　　　图 6-4　表格对话框

④ 在"属性"面板中设置参数，使表格居中对齐，如图 6-5 所示。

图 6-5 表格"属性"面板

⑤ 选中所有单元格,设置背景为银灰色(#CCCCCC),如图 6-6 所示。

图 6-6 单元格"属性"面板

⑥ 选择"修改"/"页面属性"命令,或者直接单击"属性"面板上的"页面属性"按钮,在弹出的"页面属性"对话框中,将"页面字体"设置为默认字体,"大小"设置为 24 像素,"文本颜色"设置为黑色(#000000),"左边距"、"右边距"、"上边距"和"下边距"都设置为 0 像素,如图 6-7 所示。单击"确定"按钮后,可以发现表格已经紧贴在文档上方,因为"上边距"设置为 0 像素,效果如图 6-8 所示。

图 6-7 "页面属性"对话框

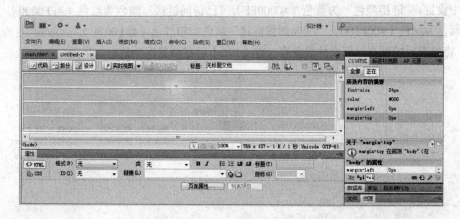

图 6-8 设置页面属性后的效果

⑦ 选中表格第 1 行,在"表格属性"面板中单击"拆分"按钮,把单元格拆分为 1 行 2 列,左边单元格宽度为 75%,右边单元格宽度为 25%。并分别输入文字"日期:"和"第 份"

⑧ 在表格第 2 行中输入文字"个人简历"，字体为"黑体"，加粗，居中。

⑨ 在表格第 3 行的单元格内插入一个 4 行 4 列的表格，宽度为 750 像素。从左至右宽度分别为 35%、30%、20% 和 15%。分别把该表格第 2 行、第 3 行左边 2 个单元格合并在一起，把第 4 列上下 4 个单元格合并在一起。并在单元格中分别输入文字"姓名:"、"性别:"、"年龄:"、"住址:"、"学历:"、"E-mail:"、"电话"、"手机"和"照片"。

⑩ 在最后一行插入一个 2 行 2 列的表格，宽度为 750 像素，每行高度分别为 200 像素，左边一列宽度为 5%，输入文字"社会经历"和"个人特长"。

⑪ 保存网页。选择"文件"/"保存"命令，以 biaoge.htm 文件名保存，按【F12】键在浏览器中测试效果。

实验任务三　网页中的超链接

任务知识点

超链接、书签、电子邮件链接。

目标和要求

● 掌握创建超链接、书签和电子邮件链接的方法。

● 掌握设置超链接属性的操作技能。

操作步骤

① 在 Dreamweaver 软件中打开实验任务一中的 main.htm 网页。

② 选中文字"友情链接"，在属性面板中的"链接"文本框中输入 http://www.china.com。

③ 将光标定位在网页开头的"鸟的领地、繁殖与迁徙"文字后面，选择"插入"/"命名锚记"命令，弹出"命名锚记"对话框，设置"锚记名称"为 aa，如图 6-9 所示。

④ 选中文字"top"，在属性面板中的"链接"文本框中输入"#aa"。

⑤ 选中文字"与我联系"，在属性面板中的"链接"文本框中输入 mailto:XXX@163.com。

⑥ 单击属性面板中的"页面属性"按钮，在"分类"列表框中选择"链接"选项，在链接选项组中设置："链接颜色"为蓝色（#0000FF），"已访问链接"颜色为红色（#FF0000），"活动链接"颜色为绿色（#00FF00），"变换图像链接"颜色为粉红色（#FF00FF），如图 6-10 所示。

⑦ 将修改后的网页以原文件名保存，按【F12】键在浏览器中进行效果测试。

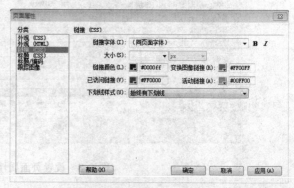

图 6-9 "命名锚记"对话框　　　　图 6-10 "页面属性"中的"链接"栏设置

实验任务四　网页中添加图片

任务知识点

- 图像与图像的属性。
- 交换图像与图像热区。

目标和要求

- 学会在网页中添加图片。
- 掌握对图片进行属性设置的基本技能。
- 掌握设置图片热区进行超链接的技能。
- 掌握通过图片交换功能实现简单动画的方法。

操作步骤

① 打开实验任务一中所建的网站 Myweb1，在站点下新建一张空白网页。在标题框中输入文字"候鸟的迁徙"

② 设置 2 行 2 列表格，表格宽度为 750 像素，边框粗细为 0，用表格进行布局设计。

③ 选中表格第 2 行两个单元格，在属性面板单击"合并单元格"按钮，把第 2 行两个单元格合并成一个单元格。选择"插入"/"图像"命令，把 tp.jpg 图片插入其中。适当调整图片大小。

④ 选中图片，在属性面板中单击"矩形热点工具"按钮，在图片中的中国位置拖动出一个矩形热区，然后在属性面板中的"链接"中设置超链接到 main.htm 网页。

⑤ 把光标定位在表格第 1 行左边单元格，选择"插入"/"图像对象"/"导航条"命令，弹出"插入导航条"对话框。在"状态图像"中，通过"浏览"按钮插入 tp3.jpg 图片，用同样方法在"鼠标经过图像"中插入 tp4.jpg 图片。单击"添加项"按钮，然后在"状态图像"中插入 tp5.jpg 图片，在"按下图像"中插入 tp6.jpg 图片，在"按下时鼠标经过图像"中插入 tp7.jpg 图片，如图 6-11 所示。适当调整图片大小。在第 1 行第 2 列单元格中输入文字"视频"（为后面设置视频信号做准备），效果如图 6-12 所示。

图 6-11　"插入导航条"对话框

图 6-12　tupian.htm 网页效果

⑥ 在属性面板中单击"页面属性"按钮，弹出"页面属性"对话框，在"背景图像"中插入 bg.jpg 图片。

⑦ 将做好的网页以 tupian.htm 名保存，按【F12】键在浏览器中测试效果。

实验任务五　网页中音频和视频的应用

任务知识点

- 嵌入音频、背景音乐、链接音频。
- 嵌入视频、插入视频。
- 音频和视频的属性。

目标和要求

- 学会在网页中设置背景音乐。
- 掌握在网页中插入音频、视频的基本方法。

操作步骤

① 启动 Dreamweaver，打开已经创建的网站 Myweb1，打开网页 tupian.htm。

② 选择"插入"/"媒体"/"插件"命令，插入音乐文件"泰坦尼克号.mid"。

③ 选择"窗口"/"标签检查器"命令，选择"标签检查器"中的"属性"面板，在该面板中，将 autostart、hidden 和 loop 三个参数值设置为 true，使该段音乐成为背景音乐，如图 6-13 所示。

④ 将网页中的"视频"文字删除，选择"插入"/"媒体"/Flashpaper 命令，插入视频文件 flash.swf。

⑤ 修改后的网页以原文件名保存，效果如图 6-14 所示，按【F12】键在浏览器中测试效果。

图 6-13　"标签检查器"面板

图 6-14　设置音频和视频后的效果

6.2　提 高 实 验

实验任务一　表单网页的制作

任务知识点

- 表单与表单域。
- 表单处理程序。

目标和要求

- 掌握创建表单的基本方法。
- 掌握设计表单的基本操作。
- 掌握保存表单的基本技能。

操作步骤

① 启动 Dreamweaver,打开已经创建的网站 Myweb1,新建一网页。在标题框中输入文字"注册表"。

② 在网页中输入文字"爱鸟志愿者注册表",字体格式为:华文新魏,大小为 24 像素,红色,居中。单击"插入"工具栏中的"表单"按钮,在插入点处插入一个表单区域。

③ 单击"表单"工具栏中"文本字段"按钮,弹出"输入标签辅助功能属性"对话框,在"标签"文本框中输入第 1 个文本字段的标签文字"你的用户名",如图 6-15 所示,单击"确定"按钮就会在该单元格内出现一个单行文本框,如图 6-16 所示。

图 6-15 "输入标签辅助功能属性"对话框   图 6-16 表单网页样张

④ 选中该单行文本框,在"属性"面板中设置名称为 name、字符宽度为 20、最多字符数为 40,其他参数保持默认。

⑤ 使用同样的方法在"你的用户名"下方插入一个单行文本框,在"属性"面板中设置名称为 password、类型为"密码",其他参数和用户名一样。

⑥ 在密码行后按【Enter】键换行,输入标签文字"你的性别:",然后使用表单工具栏中的"单选"按钮插入"男"单选按钮对象,在"属性"面板中设置名称为 sex、选定值为 man、初始状态为"选中"。

⑦ 用相同的方法,再添加"女"单选按钮,在"属性"面板中设置名称为 sex,选定值为 woman,初始状态为"未选中"。

⑧ 将光标定位在性别行下方,输入标签文字"你的生日:",并选择"表单"工具栏中的"列表/菜单"按钮,插入"年"下拉列表框,然后单击其"属性"面板中的"列表值"按钮,在弹出"列表值"对话框中添加年份。添加完成后,将菜单名称修改为 year。

⑨ 使用同样的方法添加"月"和"日"下拉列表框。

⑩ 将光标定位在生日行的下方，输入标签文字"你的爱好:"，并单击"表单"工具栏中的"复选框"按钮，添加"唱歌"复选项。在"属性"面板中设置名称为 aihao，选定值为 change，初始值为"未选中"。

⑪ 使用同样的方法添加并设置其他复选项，注意，它们的名称都要设置为 aihao。

⑫ 将光标定位在爱好行下方，输入标签文字"你的近照:"，并选择"表单"工具栏中的"文件域"按钮，插入文件域，在"属性"面板中将文件域的名称修改为 zhaopian，其他参数保持默认值。

⑬ 将光标定位在照片行下方，输入标签文字"个人简历:"，并选择"文本区域"按钮插入一个文本区域，并设置名称为 jianjie、字符宽度为 40、行数为 8，其他参数保持默认。

⑭ 将光标定位在简介行下方，选择"表单"工具栏中的"按钮"工具，插入"提交"按钮和"重填"按钮，并在两个按钮之间插入一些空格。

⑮ 将做好的网页以 biaodan.htm 文件名保存，按【F12】键在浏览器中测试效果。注意此时只能查看表单的外观效果，无法获得表单的交互效果。

实验任务二　框架网页的设计

任务知识点

- 框架网页。
- 框架网页属性。

目标和要求

- 掌握在 Dreamweaver 中创建框架网页的方法。
- 掌握保存框架网页的基本技能。
- 掌握框架网页属性的设置方法。
- 掌握框架网页间超链接的应用技能。

操作步骤

① 打开已经创建的网站 Myweb1。

② 选择"文件"/"新建"命令，新建一空白网页，在标题框中输入文字"主页"。选择布局栏中的框架结构下拉菜单，选择"顶部和嵌套的左侧框架"选项，如图 6-17 所示。

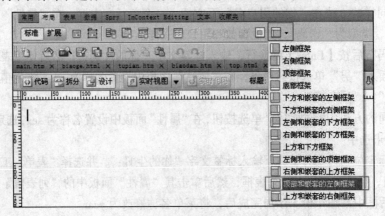

图 6-17　框架布局

③ 把光标定位在上框架，输入文字"欢迎光临绿色家园网站"，设置该文字字体为"华文行楷"，45 像素、红色。在属性面板中，单击"页面属性"按钮，弹出"页面属性"对话框，在"背景图像"的文本框中设置背景图片 top.jpg。

④ 单击上框架边框，选中上框架，在属性面板中设置"边框"为"是"，"边框宽度"为 4，"行"为 80 像素。

⑤ 把光标定位在左框架，输入文字"鸟类小知识"、"鸟类迁徙图"、"表格"和"注册表"，设置字体为"华文新魏"、30 像素、蓝色。设置网页背景颜色为粉红色（#FF99CC）。框架宽度为 200 像素。

⑥ "鸟类小知识"链接到本网站中的 main.htm 网页，在属性面板中的"目标"中选择 mainframe；同样"鸟类迁徙图"链接到本网站中的 tupian.htm 网页，"目标"也为 mainframe；同样的"表格"和"注册表"分别链接到本网站中的 biaoge.htm、biaodan.htm 网页，"目标"为 mainframe。

⑦ 将光标定位在右框架中，选择"文件"/"在框架中打开"命令可选用已经生成的网页作为框架网页内容，如在弹出的对话框中选择本网站中的 main.htm 网页文件。

⑧ 保存框架网页。单击"文件"/"保存全部"命令，整个框架网页以 index.htm 文件名保存，上框架以 top.htm 文件名保存，左框架以 left.htm 文件名保存，右框架由于是调用已有网页，因此在没有修改的情况下不用保存。

⑨ 建立的框架网页效果如图 6-18 所示，按【F12】键在浏览器中测试效果。

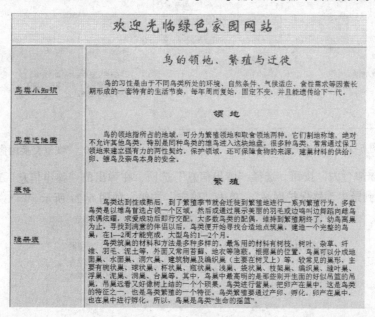

图 6-18　框架网页效果

实验任务三　层、行为的应用

任务知识点

● 行为、行为的设置。

- 层、层的创建和应用。

目标和要求

- 掌握在网页中插入层和行为的作用。
- 掌握为网页添加层和行为的基本方法。
- 掌握层与行为的综合应用。

操作步骤

① 打开 Myweb1 网站中 left.htm 网页。

② 选择"插入"/"布局对象"/AP Div 命令，插入一个"层"。

③ 把光标定位在"层"中，选择"插入"/"图像"命令，把 tp5.jpg 图片插入层中。并在属性面板中设置超链接到 http://www.jiading.gov.cn 网站，"目标"为_blank。

④ 选择"窗口"/"行为"命令，打开行为面板，单击"添加行为"按钮，选择"交换图像"选项，在弹出对话框的"设置原始档为"文本框中选择 tp3.jpg 图片，并选中"预先载入图像"复选框，单击"确定"按钮，如图 6-19 所示。

⑤ 在行为面板中，单击"添加行为"按钮，选择"恢复交换图像"选项，在弹出的对话框中单击"确定"按钮，如图 6-20 所示。

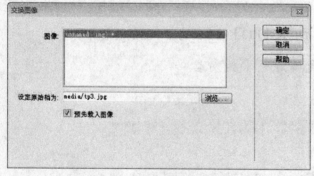
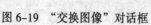

图 6-19　"交换图像"对话框　　　　　　图 6-20　"恢复交换图像"对话框

⑥ 单击"添加行为"按钮，选择"弹出信息"选项，在弹出的"弹出信息"对话框中输入文字"可以链接到野生动物保护网站"，单击"确定"按钮，如图 6-21 所示。

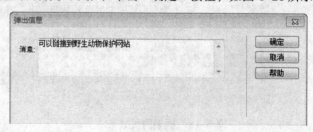

图 6-21　"弹出信息"对话框

⑦ 以原文件名保存网页，按【F12】键在浏览器中测试效果。

6.3　综合实验

综合实验一

任务知识点

旅游网站的设计。

目标和要求

● 掌握布局合理、色彩柔和的旅游网站的设计。

● 掌握 Dreamweaver 各设计要素的综合使用。

操作步骤

1. 任务描述

设计一个简洁柔和、布局合理、风格匹配的旅游网站。要求网站中可以浏览各类旅游信息，网站中还能够注册和登录。主页界面效果如图 6-22 所示。

图 6-22　主页界面

2. 操作指导

（1）制作站点

在 E 盘上创建一个名为 Myweb2 的站点。

（2）制作顶部网页

① 新建一张网页，网页文件名为 top.htm。

② 建议插入 2 行 1 列表格（为叙述方便命名该表格为表格 1），将表格的宽度设置为 770 像素。

③ 在表格 1 的第 1 行中插入 1 行 3 列的表格（表格 2），宽度为 100%，高度为 100 像素（设置表格高度在右边属性面板中设置，如图 6-23 所示），其他参数设置为 0。将表格的 3 个单元格宽度分别设置为 230 像素、45 像素和 405 像素。

④ 将鼠标光标定位在表格 2 的左边单元格，将单元格的背景颜色设置为#F3FAED，并插入图片 greenlogo.gif。表格 2 的中间单元格插入图片 greenbanner-bg.gif。

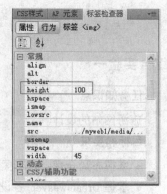

图 6-23　表格属性面板

⑤ 将鼠标光标定位在表格 2 的右边单元格，插入一个 2 行 1 列的表格（表格 3），表格宽度为 100%，其他参数为 0。

⑥ 将鼠标光标定位在表格 3 的第 1 行单元格，将单元格背景颜色设置为#014A38，单元格高度设置为 75 像素，水平对齐方式为居中对齐，插入图像 banner.jpg。

⑦ 将鼠标光标定位在表格 3 的第 2 行单元格，元格高度设置为 25 像素，插入一个 1 行 4 列的表格（表格 4），表格宽度为 100%，其他参数为 0。

⑧ 将表格 4 的第 1 单元格背景颜色设置为#017a38。将表格 4 的第 2、3、4 单元格宽度设置为 95 像素，给这三个单元格添加背景图像 banben-bg.gif，并在这 3 个单元格分别插入箭头图标 banben-dian.gif，并在图片文字区域设置热点链接，链接到 http://www.aoyou.com。然后分别输入文字"繁体字"、"简体字"、English，字体为加粗，白色。并分别设置三个超链接（链接目标自定）。

⑨ 在表格 1 的第 2 行中插入 1 行 2 列的表格（表格 5），格宽度为 100%，其他参数为 0。

⑩ 表格 5 的第 1 个单元格宽度为 256 像素，背景颜色为#eeeeee。

⑪ 将鼠标光标定位在表格 5 的第 2 个单元格，执行"插入"/Spry/ "Spry 菜单栏"命令，插入 Spry 菜单栏，这个项目栏如图 6-24 所示。这写栏目都与相应的网页链接（这些链接可以自己确定）。

图 6-24　"Spry 菜单栏"设置

⑫ top.htm 网页的最终效果如图 6-25 所示。

图 6-25　top.htm 网页效果

（3）制作主体网页

① 新建一张网页，网页文件名为 main.htm。

② 插入一个 1 行 3 列的表格（表格 6），表格宽度为 770 像素，其他参数设置为 0。将单元格宽度分别设置为 170 像素、430 像素和 170 像素，并将单元格垂直对齐设置为顶端对齐。

③ 选择表格 6 左边单元格，设置单元格背景色为#C7FCAF。并插入一个 8 行 1 列表格（表格 7），表格宽度为 100%，其他参数为 0，如图 6-26 所示。

图 6-26　表格 7 布局

④ 将鼠标光标定位在表格 7 第一行单元格中，设置于单元格高度为 19 像素，水平居中对齐，背景颜色为#54AA2B，并输入文字"神州揽胜"，字体为白色、粗体。

⑤ 将鼠标光标定位在表格 7 第二行单元格中，插入一个 2 行 1 列的表格（表格 8），表格宽度为 100%，单元格边距为 5，其他参数为 0。在表格 8 第一行中输入文字（文字在素材 text.txt 中，后面所用到的文字都在此文本文件中），字体大小为 14，为文字添加超链接（链接可以自己设定）。在表格 8 第一行中插入图片 p11.jpg，为图片添加"交换图像"的行为动作，交换的图片为 p12.jpg。

⑥ 按照步骤④和⑤进行设置，添加的图片为 p21.jpg 和 p22.jpg，效果如图 6-27 所示。

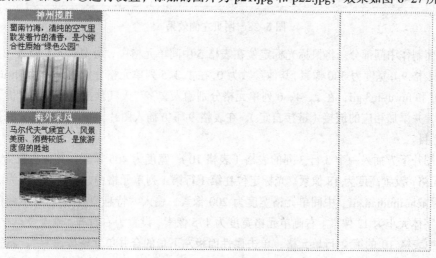

图 6-27　添加文字和图片后效果

⑦ 将鼠标光标定位在表格 7 第五行单元格中，同步骤④，输入文字"天下美色"，在下一行插入一个 5 行 2 列表格，表格宽度为 100%，单元格边距和间距都设置为 2，其余参数为 0，在左列单元格中插入图标 an-zhuti.gif，在右列单元格中输入文字，字体大小为 14，并添加超链接（链接目标自定）。

⑧ 将鼠标光标定位在表格 7 第七行单元格中，同步骤④，输入文字"精彩推荐"。在下一行插入一个 2 行 1 列表格，表格宽度为 100%，单元格边距和间距都设置为 2，其余参数为 0，居中对齐，在两个单元格中分别插入图片 banner-1.gif、banner-2.gif，左侧制作好后的效果如图 6-28 所示。

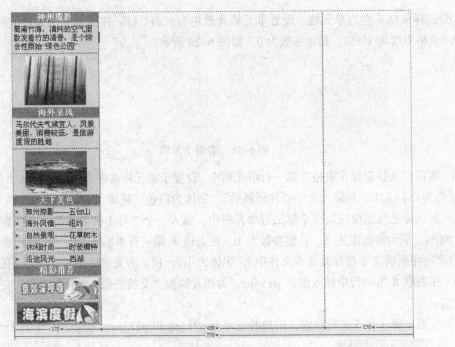

图 6-28　网页左侧效果

⑨ 下面制作中间部分。将鼠标光标定位在表格 5 中间单元格中，居中对齐，插入一个 1 行 6 列的表格（表格 9），宽度为 300 像素，其他参数为 0，在 1、3、5 列单元格分别插入图标 fuwu-tu1.gif、fuwu-tu2.gif 和 fuwu-tu3.gif，在 2、4、6 列单元格分别输入文字"天气预报"、"外汇牌价"和"列车时刻表"，并添加相应的链接（链接自定），在表格 9 下方插入图片 remai.gif。在图片下方继续制作 3 个栏目。

⑩ 在图片下方插入一个 3 行 3 列的表格（表格 10），宽度为 405 像素，其他参数为 0。选中第一行单元格，设置高度为 18 像素。光标定位在第 1 行第 1 列单元格中，单元格宽度为 30 像素，并插入图标 tehuijiudian.gif。中间单元格宽度为 200 像素，输入"特惠酒店"，将文字颜色设置为 #CC0000，字体大小为 12 像素。右侧单元格宽度为 175 像素，设置为右对齐，输入"……>>>"。

⑪ 选中表格 10 的第 2 行单元格，单击属性面板左下角的合并单元格按钮 ▣，将三个单元格合并。合并后，再插入一个 3 行 6 列的表格（表格 11），居中对齐，宽度为 95%，其他参数为 0，所有单元格高度为 18 像素。

⑫ 在表格 11 的第 1、4 列插入图标 an-gr.gif，在第 2、5 列输入特惠酒店的名称，酒店的名称文字的大小为 12 像素，并添加链接（链接自定）；在第 3、6 列输入个酒店价格，并设置价格的颜色为 CC0000，大小为 12 像素。适当调整列的宽度，使其合适。用同样方式制作"特惠机票"和"商务套餐"栏目，可以采用复制已做好的表格，然后修改文字和图标的方式实现。效果如图 6-29 所示。

⑬ 继续制作"悠优游"栏目，插入图片 youyouyou.gif。在图片下方掺入一个 2 行 4 列的表格（表格 12），表格宽度为 405 像素，其他参数为 0。选中第一行单元格，设置单元格高度为 18 像素，背景颜色为 F3FFE7，将四个单元格的宽度分别设置为 30 像素、172 像素、30 像素和 173 像素。在第 1 行第 1 列单元格中插入图标 guoneicantuanyou.gif，在第 1 行第 1 列单元格中输入文字"境外参团游"，文字颜色为 #CC0000，大小为 12 像素。

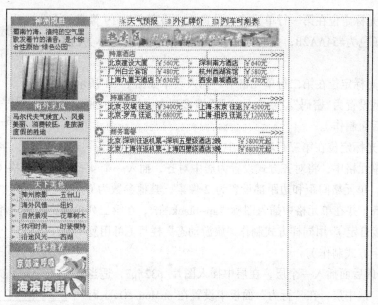

图 6-29 "热卖区"效果

⑭ 选中表格 12 第二行的 1、2 列单元格，将其合并。在合并后的单元格中插入一个 4 行 3 列表格（表格 13），表格宽度为 100%，其他参数设置为 0。所有单元格的高度都为 18 像素，在插入的表格第一列插入图标 an-gr.gif，第 2 列中输入境外游项目名称，字体大小为 12 像素，第 3 列输入价格，字体颜色为#CC0000，大小为 12 像素，单元格的宽度合适。用同样方法制作"境外自由行"、"国内参团游"和"国内自由行"。这里可以用复制的方法然后修改文字来实现。效果如图 6-30 所示。

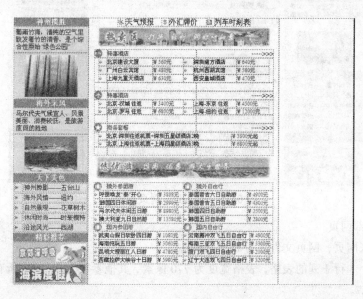

图 6-30 "悠优游"效果

⑮ 制作右侧部分页面。将鼠标光标定位在表格 6 的右侧单元格中，设置背景颜色为#EEFFEF。插入一个 6 行 1 列的表格（表格 14），表格宽度为 100%，其他参数为 0。

⑯ 将鼠标光标定位在第一行单元格，设置单元格高度为 19 像素，水
平居中，背景颜色为#54AA2B，并输入文字"会员服务区"，字体为白色、
粗体。

图 6-31　表单区域

⑰ 将鼠标光标定位在第二行单元格中。插入表单如图 6-31 所示，密
码文本框的类型设置为"密码"，"新会员注册"链接到本网站中的 zhuce.htm
网页（该网页后面制作）。

⑱ 将鼠标光标定位在第三行单元格中。如步骤⑯，文字改为"青旅快讯"，字体为白色、粗
体。在第四行单元格中，将对齐方式设置为居中对齐，插入一个 4 行 2 列的表格（表格 15），表
格宽度为 95%，单元格间距和边距都设置为 2 像素，其他参数为 0。选中第一列，设置垂直对齐
方式为顶端对齐，并在单元格中插入图标"an-black.gif"；在第二列单元格中输入相关文字，并添
加超链接（链接自定）。用同样方式制作"旅游动态"栏目（可用复
制然后修改文字方式制作）。

⑲ 在右侧最后面插入一个层，在层中插入图片 p32.jpg，适当
调整图片大小，选中层，在"行为"面板中设置在 onMouseOver 时
的"增大/收缩"行为，如图 6-32 所示。至此主网页制作完成，如
图 6-33 所示。

图 6-32　"行为"面板

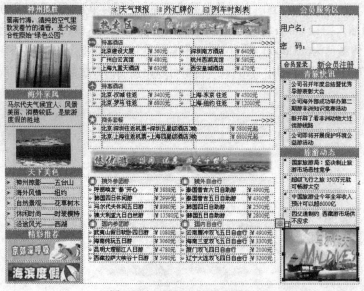

图 6-33　main.htm 网页界面

（4）制作底部网页

① 新建一张网页，网页文件名为 bottom.htm。

② 插入一个 3 行 1 列的表格，表格宽度为 770 像素，其他参数为 0，选中所有单元格设置背
景颜色为#F3FFE7。

③ 在第一行单元格中输入文字"欢迎光临山水旅游网"，设置字体为方正舒体、蓝色、大小
为 36。选中输入的文字，切换到代码视图，在输入的文字前输入代码<marquee direction="left">，
在文字后输入代码</marquee>，使文字从右向左滚动。

④ 鼠标光标定位在第二行单元格中，设置为水平居中，单击"插入"/HTML/"水平线"命令，插入一根水平线，设置水平线宽度为95%。

⑤ 鼠标光标定位在第二行单元格中，将单元格拆分为 3 列，三个单元格宽度分别为 30%、40%、30%，左边单元格为有对齐，中间单元格为居中，右边单元格为做对齐。在三个单元格中分别输入"友情链接"、"版权所有©山水旅游网"、"与我链接"，"友情链接"超链接到 http://www.aoyou.com，目标为_blank。"与我链接"链接到 mailto:XXX@xiaoshuo.com。

⑥ 底部网页 bottom.htm 的最终效果如图 6-34 所示。

欢迎光临山水旅游网

友情链接　　　版权所有©山水旅游网　　　与我链接

图 6-34　bottom.htm 最终效果

（5）制作框架网页

① 新建一张网页，网页文件名为 index.htm。在"标题"文本框中输入"主页"

② 单击框架下拉菜单，选择"上方和下方框架"选项，如图 6-35 所示。

③ 鼠标光标定位在上框架中，选择"文件"/"在框架中打开"命令，在上框架中打开 top.htm 网页，同样的，在中间框架打开 main.htm 网页，在下框架中打开 bottom.htm 网页。网页结构如图 6-36 所示。

图 6-35　框架布局下拉菜单

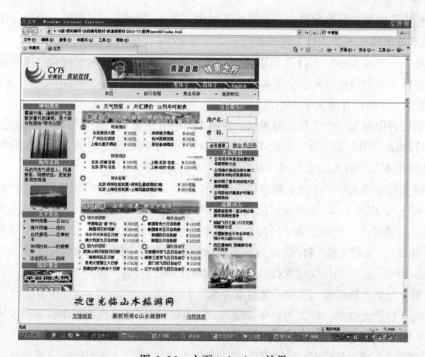

图 6-36　主页 index.htm 效果

（6）设置背景音乐

① 光标定位在底部框架页面，单击"插入"/"媒体"/"插件"命令，插入音乐文件 bg.wav。

② 选择"窗口"/"标签检查器"命令，打开"标签<embed>"面板，单击"显示列表示图"按钮 ，选中网页中的音频插件，分别设置 autostart，hidden 和 loop 三个参数值为 true。

（7）制作注册网页

① 新建一张网页，网页文件名为 zhuce.htm，网页背景颜色为#F3FFE7。整个注册表网页界面如图 6-37 所示。

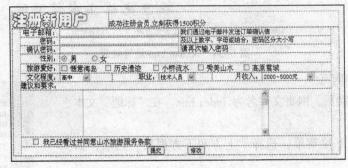

图 6-37　注册表网页界面

② 插入一个 2 行 1 列的表格，表格宽度为 770 像素，其他参数为 0。

③ 将第一行单元格拆分为 2 列，在左侧单元格输入"注册新用户"文字，字体为"华文彩云"，蓝色，大小为 36。右侧单元格中输入文字"成功注册会员，立刻获得 1500 积分"。适当调整两个单元格的宽度。

④ 光标定位在第二行单元格中，设置水平居中，单击"表单"/"表单"命令，出现红色虚框，在红色虚框中插入一个 7 行 1 列的表格，宽度为 95%。

⑤ 在第一行中插入一个 3 行 3 列表格，在第 1 列中分别输入"电子邮箱"、"密码"和"确认密码"；在第 2 列中分别插入三个文本域表单，在第 3 列中分别输入相应的文字（见图 6-37），字体大小为 14（下面所有的文字大小都为 14）。

⑥ 在第二行中插入一个 2 行 2 列表格，在第 1 列中分别输入"性别"和"旅游爱好"，在第 2 列上面一行插入"男"和"女"的两个单选按钮；在第 2 列下面一行插入"惬意海岛"、"历史遗迹"、"小桥流水"、"秀美山水"和"高原雪域"5 个复选框。

⑦ 在第三行中插入一个 1 行 6 列表格，在第 1、3、5 列单元格中分别输入"文化程度"、"职业"和"月收入"；在第 2、4、6 列分别插入 3 个"列表/菜单"。在文化程度相应的列表中输入"小学"、"初中"、"高中"、"大学"和"研究生"；在职业相应的列表中输入"工人"、"教师"、"技术人员"、"公务员"、"管理人员"和"其他"；在月收入相应的列表中输入"2000 元以下"、"2000~5000元"、"5000~10000 元"、"10000~20000 元"和"20000 元以上"。

⑧ 在第 4 行单元格中输入文字"建议和要求"

⑨ 在第 4 行单元格中，设置为居中，插入"文本区域"，在属性面板中设置"文本区域"的字符宽度为 60，行数为 8。

⑩ 在最后一行单元格中插入"提交"和"修改"两个按钮。至此整个网站完成。读者还可以在此基础上再制作几张网页，丰富网站内容。

综合实验二

任务知识点

休闲网站的设计。

目标和要求

● 掌握布局合理、色彩柔和的休闲网站的设计。

● 掌握 Dreamweaver 各设计要素的综合使用。

操作步骤

1. 任务描述

设计一个简洁柔和、布局合理、风格匹配的休闲网站。要求网站中可以浏览各类休闲信息，网站中还能够会员注册和登录。主页界面效果如图 6-38 所示。

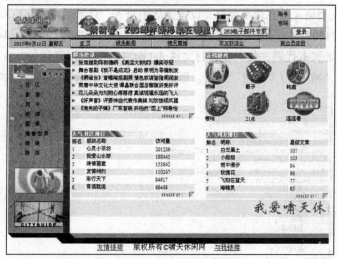

图 6-38 index.htm 网页效果

2. 操作指导

（1）制作站点

在 E 盘上创建一个名为 Myweb3 的站点。

（2）制作框架结构

① 新建一张框架网页，框架结构为上下固定，中间是左侧固定的一个嵌套框架。如图 6-39 所示，头部框架的网页名为 top.htm，左边框架的网页名为 left.htm，内容框架的网页名为 main.htm，尾部框架的网页名为 bottom.htm，整个框架网页为 index.htm。

图 6-39 框架结构样张

② 设置 index.htm 的标题为"主页"。

（3）制作头部网页

① 打开前面保存的 top.htm 网页，插入一个 3 行 1 列的表格（表格 1），表格宽度为 770 像素，其他参数为 0。

② 光标定位在第一行单元格，插入一个 1 行 3 列的表格（表格 2），宽度为 100%，其他参数为 0，单元格宽度从左到右一次为 150 像素、500 像素和 120 像素，单元格背景颜色为#BAD617，高度为 70 像素。在左侧单元格插入图片 logo.gif，用热点链接把图片中的文字区域链接到 http://www.xiaotian.com；中间单元格插入图片 banner_468x60.gif；右侧单元格插入登录表单，单击"插入"/"表单"/"文本域"命令，插入"账号"和"密码"两个文本域，其中"密码"文本域在属性面板中设置为"密码"，再插入"按钮"，并将文字改为"登录"。

③ 光标定位在表格 1 第二行单元格，设置背景颜色为黑色#000000，单元格高度为 2 像素。切换到代码视图，将<td></td>中的 删除，这就制作了一条高度为 2 像素的黑色横线。

④ 光标定位在表格 1 第三行单元格，插入一个 1 行 3 列的表格（表格 4），表格宽度为 100%，其他参数为 0，设置三个单元格的高度都为 22 像素，从左到右单元格宽度分别为 150 像素、460 像素和 160 像素。

⑤ 光标定位在表格 4 的左侧单元格，设置为居中对齐，背景颜色为#FFCC00。切换到代码视图，在<td width="150" height="22" align="center" bgcolor="#FFCC00">和</td>标记代码之间插入一段当前日期的脚本代码，代码在素材文件 dat.txt 中，可以用复制的办法粘贴到相关代码之间，如果直接选择"插入"/"日期"命令，则网页上的日期不能实时更新，如图 6-40 所示。

图 6-40　日期代码

⑥ 光标定位在表格 4 的中间单元格，设置背景颜色为黑色。插入一个 1 行 4 列的表格（表格 5），宽度为 100%，背景颜色为#CCCCCC，边框粗细为 1，其他参数为 0。切换到代码视图，找到这个表格的表格标记<table>的位置，然后在属性中添加 bordercolorlight="#666666" bordercolordark="#FFFFFF"，代码插入的位置如图 6-41 所示。这样可以使表格的边框具有立体感。单元格设置为居中对齐，分别输入"首页"、"娱乐新闻"、"啸天商城"和"车友联谊会" 4 个栏目的文字，字体大小为 12，将 4 个栏目添加相应的链接，其中"首页"链接到 index.htm 网页，"车友联谊会"链接到 che.htm（该网页后面制作），另两个的链接可以自定。

```
</td>
  <td width="460" height="22" bgcolor="#000000">
  <table width="100%" border="1" cellspacing="0" cellpadding="0" bordercolorlight="#666666" bordercolordark="#FFFFFF">
    <tr>
      <td width="15%" align="center" bgcolor="#CCCCCC"><a href=index.htm class=a2>首 页</a></td>
      <td width="28%" align="center" bgcolor="#CCCCCC"><a href=ylxw.htm class=a2>娱乐新闻</a></td>
      <td width="27%" align="center" bgcolor="#CCCCCC"><a href=xtsc.htm class=a2>啸天商城</a></td>
      <td width="30%" align="center" bgcolor="#CCCCCC"><a href=che.htm class=a2>车友联谊会</a></td>
    </tr>
  </table></td>
```

图 6-41　边框立体感代码

⑦ 光标定位在表格 4 的右侧单元格，设置单元格背景颜色为#CCCCCC，输入"新会员注册"并设置链接，字体为白色，大小为 12。链接到 zhuce.htm 网页（该网页后面制作）。Top.htm 网页的最终效果如图 6-42 所示。

图 6-42　top.htm 网页效果

（4）制作菜单网页

① 打开前面保存的 left.htm 网页，插入一个 8 行 1 列的表格（表格 6），表格宽度为 150 像素，其他参数为 0。选中所有单元格，右侧属性面板中设置 background 为 bg.gif，为单元格设置背景图片。右侧属性面板如图 6-43 所示。

② 光标定位在第二行单元格中，插入图片 pic-01.gif。

③ 光标定位在第三行单元格中，设置为居中对齐。插入一个 8 行 1 列的表格，表格宽度为 75%，单元格间距为 8 像素，其他参数为 0，左对齐，然后从上到下输入文字"社区"、"影音"、"贺卡"、"桥牌"、"围棋"、"魔兽世界"、"健康"和"微博"，字体大小为 12，在每个文字前插入图标 an-rad.gif。

④ 光标定位在第五行单元格中，设置为居中对齐。选择"插入"/"媒体"/FlashPaper 命令，插入文件 roselogo.swf。用同样的方法在第七行单元格中插入文件 photo.swf。菜单网页 left.htm 的最后效果如图 6-44 所示。

图 6-43　属性面板中设置单元格背景图片

图 6-44　left.htm 网页效果

（5）制作内容网页

① 打开前面保存的 main.htm 网页，选择"插入"/"布局对象"/AP Div 命令，插入一个层，在层中插入一个 9 行 1 列的表格，表格宽度为 304 像素，单元格间距为 3，其余参数为 0。设置 2、4、6、8、9 行单元格的背景颜色为"#EDECEC"，光标定位在第一行单元格中，右侧属性面板中设置 background 为 bg01.gif。

② 在第一行单元格中输入文字"娱乐热讯"，字体大小为 12。然后从上到下输入文字相应文字，字体大小为 12，文字内容在 text.txt 记事本文件中，在每个文字前插入图标 an-zhuti.gif。鼠标定位在最后一行单元格中设置为右对齐，插入两张图片 more.gif 和 pic-03.gif。

③ 按照步骤①和②制作另外 3 个层，可以采用复制并修改内容来实现。

④ 再插入一个层，层的宽度 634 像素，层背景颜色为#EDECEC，在层中输入文字"我爱啸天休闲网"，字体为"华文新魏"、大小为 36、颜色为#EDECEC。切换到代码视图，在输入的文字前输入代码<marquee direction="left">，在文字后输入代码</marquee>，使文字从右向左滚动。

⑤ 把 5 个层放到合适的位置，最终效果如图 6-45 所示。

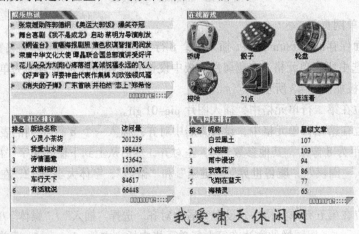

图 6-45　main.htm 网页最终效果

（6）制作尾部网页

① 打开前面保存的 bottom.htm 网页，插入一个层，层的宽度设置为 780 像素，在层中插入 2 行 1 列表格，表格宽度为 100%。

② 将第一行单元格拆分为 2 列，第 1 列宽度为 188 像素，并插入图像 pic-02.gif。将第 2 列单元格再拆分为 2 行，将拆分的两个单元格的高度为 11 像素和 13 像素，切换到代码视图，将<td></td>之间的 删除。将第 1 个单元格的背景颜色设置为#929D4F，第 2 个单元格的背景颜色设置为黑色。

③ 光标定位在第二行单元格中，居中对齐，输入文字"友情链接　版权所有©啸天休闲网　与我链接"，"友情链接"链接到 http://www.china.com，目标为_blank；"与我链接"链接到 mailto:XXX@163.com。尾部网页最后效果如图 6-46 所示。

友情链接　版权所有©啸天休闲网　与我链接

图 6-46　bottom.htm 网页最终效果

（7）制作车友网页

① 新建一张 che.htm 网页，设置标题为"车友"，在属性面板中设置背景图片为 bg04.gif。

② 插入一个 3 行 1 列的表格，表格宽度为 770 像素，其他参数为 0。所有单元格都居中对齐。

③ 在第 1 行单元格插入图片 title.gif。

④ 在第 2 行单元格插入图片 pic.gif。选中图像，在属性面板中，单击左下角的"矩形热点工具"按钮 □（注意：热点区形状可以根据不同要求选用矩形、圆形和多边形的形状），在"汽车保养"文字位置拖动，形成一个热点区，在属性面板"链接"一栏中输入 http://www.86590.com。

⑤ 光标定位在在第 3 行单元格，拆分单元格为 5 列，每一列宽度都为 20%。从左到右单元格分别插入图片 audi_off.gif、benz_off.gif、bmw_off.gif、buick_off.gif 和 nissan_off.gif。

⑥ 选中第 1 个单元格中的图片 audi_off.gif，选择"窗口"/"行为"命令，在弹出的"行为"面板中单击"加号（+）"按钮，在弹出的菜单中选择"交换图像"命令。在弹出的"交换图像"对话框中，单击"浏览"按钮，在弹出的"选择图像源"对话框中，选择要交换的图像 audi_on.gif。

⑦ 重复步骤⑥，分别将剩下的 4 张图像都添加交换图像效果，替换的图像依次是 benz_on.gif、bmw_on.gif、buick_on.gif 和 nissan_on.gif。

⑧ 鼠标定位在网页底部，选择"插入"/"媒体"/"插件"命令，插入音乐文件"我和你.mp3"。单击"窗口"/"标签检查器"命令，打开"标签<embed>"面板，单击"显示列表示图"按钮 ，选中网页中的音频插件，分别设置 autostart，hidden 和 loop 三个参数值为 true。设置了背景音乐。che.htm 网页最终效果如图 6-47 所示。

图 6-47　che.htm 网页效果

（8）制作注册网页

① 新建一张网页，网页文件名为 zhuce.htm。整个注册表网页界面如图 6-48 所示。

② 插入一个 2 行 1 列的表格，表格宽度为 770 像素，其他参数为 0。

③ 在第一行单元格中输入"欢迎注册新用户"文字，字体为"华文彩云"，粉红色，大小为 36。居中对齐。

④ 鼠标光标定位在第二行单元格中，设置水平居中，选择"表单"/"表单"命令，出现红色虚框，在红色虚框中插入一个 4 行 1 列的表格，宽度为 95%。

⑤ 在第一行中插入一个 4 行 3 列表格，在第 1 列中分别输入"昵称"、"密码"、"确认密码"

和"电子邮箱"；在第 2 列中分别插入四个文本域表单，在第 3 列中分别输入相应的文字（见图 48），字体大小为 14（下面所有的文字大小都为 14）。

⑥ 在第二行中插入一个 4 行 2 列表格，在第 1 列中分别输入"性别"、"年龄"、"喜欢的游戏"和一个复选按钮" ☑"，在第 2 列第 1 行插入"男"和"女"的两个单选按钮；2 列第 3 行插入"列表/菜单"，在"列表值"中输入"10 岁以下"、"11~15 岁"、"16~20 岁"、"20~30 岁"和"30 岁以上"；在第 2 列第 3 行插入"魔兽世界"、"植物人大战僵尸"、"祖玛"、"连连看"和"其他"5 个复选框；在第 2 列第 4 行中输入文字"我已阅读并接受许可协议"。

⑦ 在第三行中插入"提交"和"重置"两个按钮。

⑧ 在第四行单元格中插入"文本区域"，然后把素材 text01.txt 文件中的文字复制粘贴到属性面板的"初始值"文本框中，字符宽度为 80，行数为 20。至此整个网站完成。读者还可以在此基础上再制作几张网页，丰富网站内容。

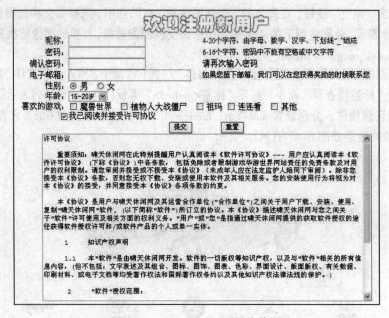

图 6-48　zhuce.htm 网页最终效果

第 **7** 章 多媒体应用

7.1 基础实验

实验任务一 录音机的基本操作

任务知识点

声音的录制。

目标和要求

掌握录音机的基本使用方法。

操作步骤

1. 任务描述

利用 Windows 7 自带的"录音机",录制简单的.wma 音频文件。

2. 操作指导

① 启动"录音机":选择"开始"/"程序"/
"附件"/"录音机"命令,程序启动后,其工作界
面如图 7-1 所示。

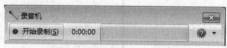

图 7-1 "录音机"工作界面

② 录音:确保有音频输入设备(如麦克风)连接到计算机,单击"开始录制"按钮开始录音,录音内容为自己的学号、姓名、学校、专业等个人基本信息,若要停止录制音频,请单击"停止录制"按钮。

③ 在前段录音基础上继续录制音频:单击"另存为"对话框中的"取消"按钮,然后单击"继续录制"按钮,继续录制声音,内容为本学期所选的课程、学分、任课教师、所用教材等信息。录音结束后单击"停止录制"按钮。

④ 保存声音文件:单击"停止录制"按钮时,录音机会自动弹出"另存为"对话框,将录制好的声音以 mul7-1-1 为文件名,保存到教师指定的文件夹中。

3. 拓展任务

用录音机录制一段声音文件,内容任选,并以学号为文件名,以.wma 为类型保存。

实验任务二 视频 DVD 制作技术

任务的知识点

- 视频 DVD 素材的处理。
- 视频 DVD 的制作。
- Windows 7 DVD Maker 的操作。

目标和要求

● 掌握 Windows 7 DVD Maker 制作视频相册的方法。

● 掌握视频 DVD 制作的基本方法。

操作步骤

1. 制作视频 DVD

Windows 7 DVD Maker（见图 7-2）是 Windows 7 自带的视频 DVD 制作程序，适合制作个人的电子相册、家庭的小电影、精彩的小视频等类型的电影文件。

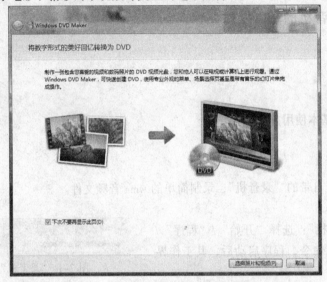

图 7-2　Windows DVD Maker 欢迎界面

制作视频 DVD 的五个步骤：

① 策划。编写剧本，剧本包括基本内容、实现的主题思想，分析适合观赏的对象。

② 设计。按照剧本要求，确定内容结构、表现形式及表达顺序，分解成多个独立的小单元，突出重点。

③ 脚本。先预备文字脚本，在文字脚本的基础上考虑和构思内容、结构、布局和方式，安排和创作视听形象、声音和界面。

④ 素材。素材包括文字、声音、图形、图像、动画、视频片断、色彩等内容。

⑤ 刻录。视频 DVD 制作完成后，刻录在 DVD 盘片上，可以在 DVD 机上即时播放以供欣赏。

2. 素材处理

（1）文字

文字内容要少而精；字体要贴切（宋体庄重，黑体突出，楷体亲切，仿宋体清秀，隶书古朴，舒体苍劲）；效果要醒目（文字与背景搭配合理）；动静结合（动态可用 Flash 和 Cool 3D 制作）。

（2）声音

声音包括话语、音乐、声效等，采集的方法有录音、网上下载、从 CD 唱盘或 VCD（或 DVD）视频中获取、自己制作等。对采集来的声音要进行截取、合并，混缩、淡入淡出处理，转换为 MP3 或 MID 格式文件。

（3）图片

图片可以从光盘和图片素材库复制、网上下载、扫描仪扫描、数码照相机拍摄、屏幕抓取和视屏截取等方法获取。经过编辑和规格化处理，对图片大小、像素、色彩、文件格式进行统一，保持一致。

（4）动画和视频片断

制作动画，视频片断的采集、剪辑、文件格式转换等。

3. Windows DVD maker（以下简称 WDM）的操作

（1）启动 DVD Maker

选择"开始" / "所有程序"/Windows DVD Maker 命令，双击运行后，显示默认的欢迎界面，可以选择界面左下方的"下次不再显示此页（D）"复选框，以便今后制作时直接跳过这个步骤。单击"选择照片和视频（P）"按钮，进入下一步操作。

（2）向 DVD 添加图片和视频

进入"向 DVD 添加图片和视频"界面后，单击左上角的 添加项目 按钮，选择添加自己想要制作的图片、照片及视频文件，如图 7-3 所示。

（3）调整照片及视频文件的顺序

单击选中要调整顺序的文件，然后可以通过上移、下移的箭头 ⬆⬇ 调整照片的顺序，如图 7-4 所示。

图 7-3　"向 DVD 添加图片和视频"窗口　　　　图 7-4　调整图片顺序

（4）DVD 选项设置

单击界面右下角的"选项"按钮弹出"DVD 选项"对话框，如图 7-5 所示，选择"使用 DVD 菜单播放和终止视频"单选按钮；纵横比选择 4:3 或 16:9；将"DVD 刻录机的速度"选择为"慢"；采用默认的 PAL 视频格式。

（5）DVD 制作个性化

设定完成后，回到添加界面单击"下一步"按钮可以在"菜单文本"选项中更改 DVD 菜单文本，例如字体、标题、按钮，如图 7-6 所示。单击"更改文本"按钮后，可以预览查看效果。可以在"自定义菜单"选项中自定义 DVD 的菜单样式，可以更改字体、前景背景视频以及菜单音频，制作视频的时候要为视频添加一首好听的音乐！

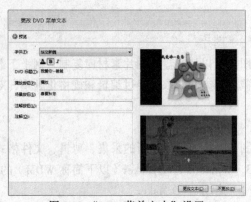

图 7-5　"DVD 选项"设置　　　　　　图 7-6　"DVD 菜单文本"设置

（6）设置菜单样式（即片头）

在 Windows 7 中内置了 20 种菜单样式，单击任意一个样式，都可以在场景当中实时预览，如图 7-7 所示。

图 7-7　DVD 菜单样式

（7）保存 DVD 文件

制作完成后，先预览一下视频，确认完成后，以学号为文件名保存到教师指定的文件夹中。如果计算机带有 DVD 刻录机，且有光盘可用，也可单击"刻录"按钮，将制作好的相册或者视频刻录到光盘上保存！

实验任务三　图像处理基础——图层应用（1）

任务知识点

Photoshop 文字工具、渐变工具及图层。

目标和要求

- 学会利用文字工具输入文字。
- 学会用魔棒工具选中单个字母选区，为每个字母创建单独的图层。
- 结合选区工具，掌握通过图层的合并及图层不透明度产生彩虹效果的方法。

操作步骤

1. 任务描述

制作具有彩虹填充效果的平面文字图案。

2. 操作指导

① 新建文件。选择"文件"/"新建"命令,新建一个 600×400 像素的空白文档,背景为黑色。

② 输入文字。用横排文字工具输入 Family,选择字体为 Time to Roman,字号 100 点,颜色为白色,如图 7-8 所示。

③ 用魔棒选中第一个字母 F,新建一个空白图层,填充玫红色,如图 7-9 所示,图层调板如图 7-10 所示。

图 7-8 输入文字

图 7-9 选中单个字母

图 7-10 图层调板

④ 重复上述步骤,为每个字母建立一个新的图层,填充不同颜色,如图 7-11 所示,图层调板如 7-12 所示。

⑤ 合并带颜色的字母图层。按【Ctrl】键单击图层缩略图,选中这些文字(见图 7-13)。

图 7-11 为每个字母新建图层并填充颜色

图 7-12 图层调板

图 7-13 合并图层

⑥ 用矩形选框工具减去选区下半部分,新建空白图层,填充白色,如图 7-14 所示。

⑦ 将白色字图层的透明度降低到 50%,合并彩色和白色文字图层,如图 7-15 所示,图层调板如图 7-16 所示。

图 7-14 减去选区填充白色

图 7-15 合并图层并调整不透明度

图 7-16 最终图层调板

⑧ 这样彩虹文字图案就做好了,选择"文件"/"保存"命令,将其保存成"彩虹字.jpg"。

实验任务四 图像处理基础——图层应用(2)

任务的知识点

● Photoshop 中的图层。

● 利用 Photoshop 中的套索工具抠图。

目标和要求

● 练习从网上下载精美相框素材。
● 学会利用选区结合图层的操作将照片添加到下载好的相框中。
● 学会利用图层样式美化相框显示效果。

操作步骤

1. 任务描述

制作带有相框效果的人物或风景图片。

2. 操作指导

① 打开本书配套的实例光盘中的素材\第七章\照片.jpg 和相框.jpg 文件，如图 7-17 所示。

② 用移动工具将照片拖动到"相框.jpg"中，在图层中自动产生一个新的图层 1，即照片图层，将图层 1 的不透明度调整为 60%并按下【Ctrl+T】组合键，弹出调节框，如图 7-18 所示，调整照片在相框中的相对位置。还可按下【Shift+Alt】组合键，对照片进行等比例缩放和旋转，调整好照片的大小位置后，按【Enter】键。

图 7-17　打开素材图片　　　　图 7-18　图层调节框

③ 关闭"图层 1"即照片图层前的眼睛图标（见图 7-19），即照片不可见。双击背景图层上的小锁标记，解锁背景图层。弹出的"新建图层"对话框，默认将背景图层解锁为"图层 0"，图层调板如图 7-20 所示。在"图层 0"上创建选区。用"魔棒工具"或"磁性套索工具"配合各种选区工具，将相框内部选中，如图 7-21 所示。

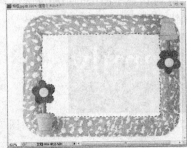

图 7-19　图层调板　　　图 7-20　解锁背景图层　　　图 7-21　选中相框内部

④ 打开"图层 1"前的眼睛，调整不透明度为 100%，使照片可见。选中图层 1，按下【Ctrl+Shift+I】组合键反选图像，按【Delete】键，删除选区内图像，如图 7-22 所示，将照片多出相框外的部分裁剪掉了，按【Ctrl+D】组合键取消选区，图层调板如图 7-23 所示。

⑤ 合并图层并保存文件。按【Ctrl】键依次单击图层 0 和图层 1，然后选择"图层"/"合并图层"命令，然后选择"文件"/"保存"命令，把添加好相框的照片保存成"添加相框.jpg"

图 7-22　裁掉多余部分

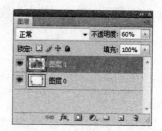

图 7-23　图层调板

实验任务五　图像处理基础——滤镜应用

任务知识点

- 滤镜、描边。
- 图像色调调整。

目标和要求

- 掌握应用风格化滤镜勾勒人物或风景图片的轮廓的方法。
- 掌握使用色调分离图像调整命令调整图像色调的方法。
- 掌握编辑描边命令进行描边处理的方法。

操作步骤

1. 任务描述

将人物或风景图片制作成木版画的效果。

2. 操作指导

① 打开本书配套的实例光盘中的素材\第 7 章\女孩.jpg 文件，如图 7-24 所示。选择"滤镜"/"风格化"/"查找边缘"命令，勾勒出女孩的轮廓，如图 7-25 所示。

② 在通道面板中依次查看各个通道，选择一个线条最清晰，层次细节最少的通道，本例中我们选择红色通道。

③ 按下【Ctrl+A】组合键将红色通道全选，并按【Ctrl+C】组合键将选区拷贝；回到图层面板，单击面板下方的"创建新图层"按钮，新建一个"图层 1"，按【Ctrl+V】组合键将选区粘贴，效果如图 7-26 所示，图层调板如图 7-27 所示。

图 7-24　打开素材图片

图 7-25　应用滤镜效果

图 7-26　从通道创建新图层

图 7-27　图层调板

④ 选择"图像"/"调整"/"色调分离"命令，进一步简化图像的层次细节，在弹出的对话框中设置适当参数如图 7-28 所示后，单击"确定"按钮。

⑤ 选择"编辑"/"描边"命令，在弹出的对话框中设置宽度为 20px，其他保持默认值，如图 7-29 所示，单击"确定"按钮。

图 7-28　"色调分离"对话框　　　　　　　　图 7-29　"描边"对话框

⑥ 选择"文件"/"存储为"命令，在弹出的对话框中将图像保存为"女孩.psd"文件，因为只有此格式的文件才能作为纹理载入。

⑦ 打开本书配套的实例光盘中的素材\第 7 章\木纹.jpg 文件，选择"滤镜"/"纹理"/"纹理化"命令，如图 7-30 所示，弹出"纹理化"对话框。

⑧ 单击"纹理"属性栏后的三角按钮，弹出"载入纹理"菜单命令，选择该命令，在弹出的对话框中将刚才保存的 PSD 文件载入。根据预览区来调整其他参数，如图 7-31 所示，完成后单击"确定"按钮即可得到最终木版画的效果。

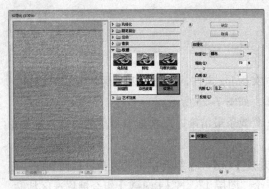

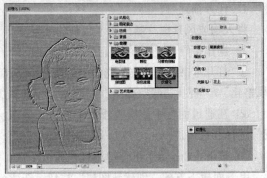

图 7-30　"纹理化"对话框　　　　　　　　图 7-31　载入纹理

⑨ 将制作完成的木版画保存为"木版画.jpg"。

实验任务六　Flash 动画——逐帧动画

任务知识点

- 舞台。
- 逐帧动画。
- 帧、空白帧、关键帧。

目标和要求

- 学会利用绘图工具绘制一幅完整的矢量图。
- 学会将矢量图作为关键帧，逐帧制作动画。
- 掌握利用翻转帧的命令制作动画的方法。

操作步骤

① 新建文档。选择"文件"/"新建"命令，在打开的"新建文件"对话框中，选择"Flash 文件（ActionScript3.0）"选项，单击"确定"按钮，新建一个 Flash 文件。

② 选择图层时间轴中图层 1 的第一帧，单击"工具"面板中的"铅笔工具"，在属性栏中设置，然后在舞台上从绘制牛头的第一笔开始，按顺序绘制牛的身体和尾巴，如图 7-32 所示。

图 7-32　按笔画绘制全牛图

③ 右击图层 1 的第 2 帧，选择快捷菜单中的"插入关键帧"命令，插入第二个关键帧，单击"工具"面板中的"橡皮擦工具"，擦除最后一笔绘制的牛尾巴。按照相同的办法，依次在第 3、4、5、6……帧处分别插入关键帧，并依次按照绘制牛的笔画逆序擦除每一笔，直至擦除至第一笔，如图 7-33 所示。

④ 翻转帧。单击选中图层 1 的第 1 帧，按【Shift】键，再单击图层 1 的最后一帧关键帧，这样就选中了全部的关键帧，在选中的关键帧上右击，选择快捷菜单中的"翻转帧"命令，如图 7-34 所示，时间轴上的关键帧就按顺序进行了翻转，最后一帧变成第一帧，倒数第二帧变成第二帧，依次往后排列。

⑤ 测试动画。选择"控制"/"测试影片"命令，查看动画效果。

⑥ 保存文件。选择"文件"/"保存"命令，保存 Flash 源文件为"线条画-牛.fla"。

⑦ 导出影片。选择"文件"/"导出"/"导出影片"命令，导出名为"线条画-牛.swf"的影片文件。

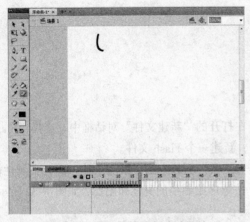

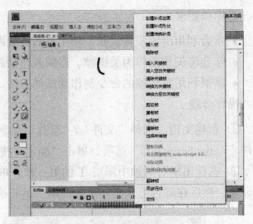

图 7-33 逐笔画擦除创建关键帧   图 7-34 翻转帧

实验任务七 Flash 动画——补间动画

任务知识点

- 舞台、图形元件。
- 形状补间动画。

目标和要求

- 掌握图片导入到舞台的技能。
- 掌握图形元件、按钮、文字等转换为矢量图形的方法。

操作步骤

1. 任务描述

制作一幅由心形图片变换成 LOVE 文字的动画。

2. 操作指导

① 新建文档。执行"文件"/"新建"命令，在打开的"新建文件"对话框中，选择"Flash 文件（ActionScript3.0）"选项，单击"确定"按钮，新建一个 Flash 文件。选择"文件"/"导入"/"导入到舞台"命令，将本章的素材文件\第 7 章\心形.jpg 图片导入到舞台中来。单击主工具栏上的"缩放"按钮，将图片调整到合适大小，如图 7-35 所示。

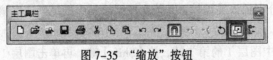

图 7-35 "缩放"按钮

② 制作结束关键帧。右击图层 1 的第 20 帧，执行快捷菜单中"插入关键帧"命令。先删除导入的心形图片，然后单击工具面板中的"文本工具" T，在舞台中输入 LOVE 文本，设置如图 7-36 所示。

③ 打散图片和文字。单击选中图层 1 的第 1 帧，选择"修改"/"分离"命令或按【Ctrl+B】组合键，打散心形图片，将其变为矢量图形。同样方法，选中图层 1 的第 20 帧，按两次组合键【Ctrl+B】打散文字 LOVE。

④ 创建动画。右击图层 1 的第 1 帧，选择快捷菜单中"创建补间形状"命令，此时，在时间轴上，图层 1 的第 1 帧到第 20 帧处出现了浅绿色背景的带箭头的实线，如图 7-37 所示。

图 7-36 输入文本

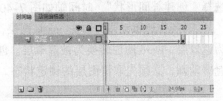

图 7-37 创建补间动画

⑤ 测试动画。选择"控制"/"测试影片"命令，查看动画效果。

⑥ 保存文件。选择"文件"/"保存"命令，保存 Flash 源文件为"心形补间动画.fla"。

⑦ 导出影片。选择"文件"/"导出"/"导出影片"命令，导出名为"心形补间动画.swf"的影片文件。

实验任务八 Flash 动画——遮罩动画

任务知识点

- 图层、遮罩。
- 遮罩动画。

目标和要求

- 掌握在时间轴上创建图层的方法。
- 掌握在不同的图层中安排图形元件的技能。

操作步骤

1. 任务描述

制作具有探照灯效果的文字划变的动画。

2. 操作指导

① 新建一个 Flash 文档，鼠标在舞台上右击，在弹出的快捷菜单中选择"文档属性"命令，打开"文档属性"对话框，如图 7-38 所示。单击"背景"右下角的小三角，修改舞台的背景颜色为黄色。

② 制作被遮罩图层。在时间轴上新建一个图层 1，双击时间轴上的"图层 1"，将图层 1 重命名为 word。单击工具面板中的"文本工具"，在舞台中心位置输入"自强不息"四个字，如图 7-39 所示。

图 7-38 "文档属性"对话框

图 7-39 输入文本

③ 制作遮罩图层。在时间轴 word 图层上插入图层 2，修改名称为 mask。在 mask 图层的第 1 帧用"铅笔工具"绘制一个小圆，在第 20 帧，利用主工具栏中的"缩放"工具将小圆形放大，大到可以覆盖下面被遮罩图层中"自强不息"四个字。鼠标右击 mask 图层第 1 帧，在快捷菜单中选择"创建补间形状"，时间轴如图 7-40 所示。

④ 制作遮罩动画。右击 mask 图层，执行快捷菜单中"遮罩层"命令，此时 mask 图层转换为遮罩层，word 图层转换为被遮罩层。创建遮罩动画后，相关的图层会自动锁定，如果需要修改遮罩动画，必须先取消图层的锁定状态。最终遮罩动画的时间轴如图 7-41 所示。

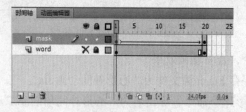

图 7-40　创建补间形状动画

图 7-41　制作遮罩动画

⑤ 测试动画。选择"控制"/"测试影片"命令，查看动画效果。

⑥ 保存文件。选择"文件"/"保存"命令，保存 Flash 源文件为"字体划变遮罩.fla"。

⑦ 导出影片。选择"文件"/"导出"/"导出影片"命令，导出名为"字体划变遮罩.swf"的影片文件。

实验任务九　Flash 动画——引导层动画

任务知识点

- 影片元件。
- 图层。
- 运动引导层。

目标和要求

- 掌握在不同的图层上添加不同动画图片的方法。
- 掌握在引导层中设置运动路径。
- 掌握补间动画中的关键帧设置为路径上的控制点的方法。
- 学会属性关键帧周围的路径形状的改变。

操作步骤

1. 任务描述

制作一个蝴蝶随花儿翩翩起舞的动画影片。

2. 操作指导

① 打开文件，选择"文件"/"打开"命令，打开"引导.fla"源文件。设置背景图层，将图层 1 重命名为"背景花"。打开"库"面板，选择背景花图层的第 1 帧，将"花.jpg"图片从库面板中拖动到舞台中央。右击背景花图层的第 60 帧，选择快捷菜单中的"插入帧"命令，延长帧的播放时间。锁定背景花图层。

② 新建一个名为"蝴蝶舞动"的图层。选择该图层第 1 帧，将"蝴蝶舞动"影片剪辑元件

从"库"面板中拖到舞台中，并适当调整大小。创建运动补间动画，移动蝴蝶，在该图层第 60 帧处使蝴蝶终止，此时，在首末两帧的蝴蝶间形成一笔直的路径。

③ 添加引导层。右击"蝴蝶舞动"图层，选择快捷菜单中的"添加传统引导层"命令，在蝴蝶舞动图层上面添加了一个新图层，重命名该图层为"蝴蝶飞行路径"并自动转换为引导层，蝴蝶舞动图层自动转换为被引导图层，如图 7-42 所示。

图 7-42　添加引导层

④ 绘制引导层。选择引导层的第 1 帧，利用工具面板中的铅笔工具，设置为平滑模式，在引导层沿着花朵周围绘制一条曲线，作为蝴蝶飞行的路径，并延长此关键帧至第 60 帧，锁定引导层。

⑤ 对齐中心点。选择"蝴蝶舞动"图层的第 1 帧，将舞台中的蝴蝶影片元件拖动到路径的起始位置（路径左端），使蝴蝶的中心点与路径左端重合，如图 7-43 所示。选择"蝴蝶舞动"图层的第 60 帧，将舞台中的蝴蝶影片元件拖动到路径的结束位置（路径右端），使蝴蝶的中心点与路径右端重合，如图 7-44 所示。

图 7-43　使蝴蝶中心点与路径左端重合

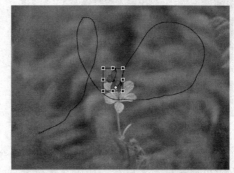
图 7-44　使中心点与路径右端重合

⑥ 创建动画。右击"蝴蝶舞动"图层的第 1 帧，选择快捷菜单中的"创建传统补间"命令，创建动作补间动画。在"属性"面板中，选择"调整到路径"、"贴紧"、"同步"等复选框，使"蝴蝶舞动"的影片元件在运动中根据路径的变化调整自身的方向，如图 7-45 所示。

图 7-45　"属性"面板设置

⑦ 保存文件。选择"文件"/"另存为"命令，保存 Flash 源文件为"翩翩起舞.fla"。

⑧ 导出影片。选择"文件"/"导出"/"导出影片"命令，导出名为"翩翩起舞.swf"的影片文件。

7.2 提高实验

实验任务一　图像处理基础——通道应用

任务知识点

- 图层蒙版。
- 钢笔工具。
- 通道。

目标和要求

- 掌握通道复制的方法。
- 掌握经典抠图的技能。
- 掌握通道抠图的方法。

操作步骤

1. 任务描述

将具有复杂边界的蒲公英从背景图片中取出，添加到其他图片中。

2. 操作指导

① 打开本章素材图片\第 7 章\"蒲公英.jpg"图片，如图 7-46 所示。在"通道"面板中，选择一个对比比较明显的通道，本例选择"红"通道并复制，如图 7-47 所示。

图 7-46　打开素材图片

图 7-47　复制"红"通道

② 按快捷键【Ctrl+L】，执行"色阶"命令，如图 7-48 所示，增强黑白色调之间的对比。

③ 设置前景色为黑色，使用"画笔工具"在"红 副本"通道上涂抹黑色，结果如图 7-49 所示。注意：在"通道"调板中，白色可以作为选区载入，灰色可以作为羽化的选区载入，黑色不能作为选区载入。

④ 按住【Ctrl】键的同时单击"红 副本"通道，载入选区。重新选择 RGB 通道（全部通道图层呈选中状态）后，返回到"图层"调板，按下快捷键【Ctrl+J】，执行"通过拷贝的图层"命令，如图 7-50 所示。

⑤ 为主题物添加合适的背景以及说明，如图 7-51 所示。

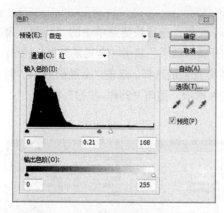

图 7-48 打开"色阶"对话框

图 7-49 用画笔工具在通道上涂抹黑色

图 7-50 拷贝图层

图 7-51 添加背景及说明

⑥ 保存文件。选择"文件"/"另存为"命令，将制作完成的图片保存为"飞行的蒲公英.jpg"。

实验任务二 Flash 动画——脚本控制

任务知识点

交互动画。

目标和要求

- 掌握在动画中添加按钮的方法。
- 学会从 Flash 公用库中选择按钮元件。
- 掌握为按钮添加脚本控制对象的运动和停止的方法。

操作步骤

1. 任务描述

制作一幅受按钮控制的小球跳动动画。

2. 操作指导

① 打开本章的素材文件\第 7 章\跳动的小球.fla。插入按钮：在"小球"图层的上方插入名称为"按钮"的图层。选择按钮图层的第 1 帧，选择"窗口"/"公用库"/"按钮"命令，打开"库

–按钮"面板，将 playback rounded 分类中的 rounded green play 和 rounded green stop 两个按钮元件拖动到舞台中央，按钮位于小球的右侧，如图 7–52 所示。

②　为按钮添加脚本。右击舞台中的 rounded green play 按钮，选择快捷菜单中的"动作"命令，打开"动作–按钮"面板。单击"脚本助手"按钮，打开脚本助手。双击"全局函数"/"影片剪辑控制"/on 命令，选中"按"事件复选框，取消其他事件复选框的选择。双击"全局函数"/"时间轴控制"/play 命令，添加脚本显示在的其右侧，如图 7–53 所示。关闭"动作–按钮"面板。

图 7–52　插入"公共库"中的按钮

图 7–53　为按钮添加脚本

③　参照上述步骤，为 rounded green stop 按钮添加脚本，选择 stop 命令。

④　添加帧脚本。选择按钮图层第 1 帧，打开"动作–帧"面板，双击"全局函数"/"时间轴控制"/stop 命令，为按钮图层第 1 帧添加停止脚本，如图 7–54 所示。

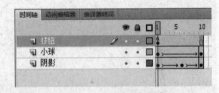

图 7–54　添加帧脚本

⑤　测试动画。选择"控制"/"测试影片"命令，查看动画效果。

⑥　保存文件。选择"文件"/"保存"命令，保存 Flash 源文件为"交互动画.fla"。

⑦　导出影片。选择"文件"/"导出"/"导出影片"命令，导出名为"交互动画.swf"的影片文件。

实验任务三　声音处理——Audition

任务知识点

优化声音。

目标和要求

● 学会修复破音。

● 学会润色干声。

● 掌握渲染场景。

操作步骤：

1．任务描述

对已录制好的声音中的瑕疵进行修复并润色，使声音更具声场感、更饱满动听，为处理好的原声配备背景音乐渲染场景、烘托气氛。

2．操作指导

① 运行 Adobe Audition3.0，确认当前在多轨视图模式下。选择"文件"/"导入"命令，打开本书附带素材\第 7 章\"第三课.mp3"，界面如图 7-55 所示。

图 7-55　打开声音素材

② 按下键盘上的空格键播放音频文件，边听边观察，当听到存在有破音时，迅速按下空格键停止播放，如图 7-56 所示。单击工具栏中的"时间选择面板"按钮，在音频波形上拖动鼠标选定需要编辑的区域，此时，波形上方会显示两个黄色小三角，拖动黄色小三角可以改变选择区范围。然后单击下方的"缩放"面板中的"水平缩放"按钮，放大存在破音的波形并将其选中，如图 7-57 所示。

图 7-56　寻找破音

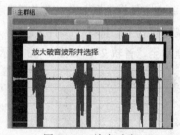

图 7-57　放大破音

③ 选择"效果"/"修复"/"消除咔嗒声/噗噗声（进程）"命令，打开"咔嗒声和噗噗声消除器"对话框，如图 7-58 所示，设置相应参数，修正存在破音的波形。

④ 将游标插入到修复破音前的时间位置，然后再次单击空格键进行播放，试听修复破音后的效果。如果感觉比较满意，则可以继续试听之后的音频，当找到存在破音的波形后，停止播放，放大音频波形，然后将其选中。选择"效果"/"修复"/"破音修复（进程）"命令，打开"破音修复"对话框，并参照图 7-59 所示进行设置。

⑤ 单击"确定"按钮，关闭对话框，试听修复后的声音文件，图 7-60、图 7-61 分别为修复破音前后的波形效果。

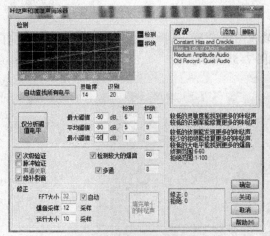

图 7-58　修正破音波形　　　　　　图 7-59　"破音修复"对话框

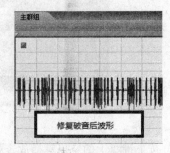

图 7-60　修复破音前波形　　　　　图 7-61　修复破音后波形

⑥ 按下【Ctrl+A】组合键，选择全部音频波形。然后选择"效果"/"调制"/"合唱"命令，打开"合唱"对话框，如图 7-62 所示进行设置。单击"确定"按钮，关闭对话框，为音频文件添加合唱效果，润色人声。按下键盘上的空格键进行播放，试听添加合唱后的效果。

⑦ 单击工具栏上右上角"工作区"后的小三角按钮，选择"多轨查看（默认）"模式，切换到多轨视图模式下，选择"文件"/"导入"命令，将背景音乐"贝多芬月光奏鸣曲"导入进来，用鼠标拖动至"音轨 2"，如图 7-63 所示。

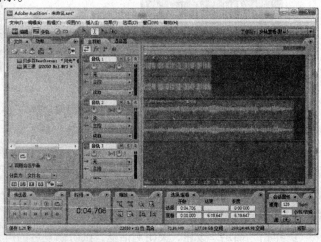

图 7-62　"合唱"对话框　　　　　　图 7-63　导入背景音乐

⑧ 选择工具栏上的"时间选择工具"将背景音乐多出的部分选中，选择"剪辑"/"分离"命令，如图 7-64 所示，并右击要裁剪掉的部分，在弹出的快捷菜单中选择"删除"命令，就把多出的背景音乐删除掉了。

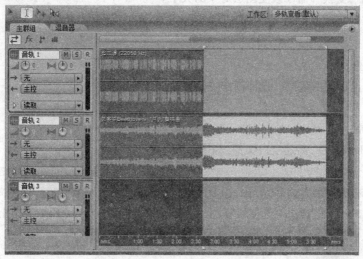

图 7-64　剪裁多出的背景音乐

⑨ 按【Space】键，试听经过修复、润色并配音的声音文件，如果感觉满意，选择"文件"/"导出"/"混缩音频"命令，打开"导出音频混缩"对话框，如图 7-65 所示进行设置，单击"保存"按钮，关闭对话框。

图 7-65　"导出音频混缩"对话框

7.3　综合实验

综合实验一　用自己的照片设计制作光盘盘面

任务知识点

- 套索工具、选区工具、文字工具。
- 变换命令、快捷键。
- 图层、图层样式。

目标和要求

- 熟练掌握磁性套索工具配合选框工具的应用。
- 学会使用"变换"命令改变图层对象的大小。
- 掌握图层样式的应用。

操作步骤

1. **任务描述**

选取一张自己满意的靓照，设计制作一份个性化的光盘盘面。

2. **操作指导**

启动 Photoshop 软件，新建空白文件，如图 7-66 所示进行设置。

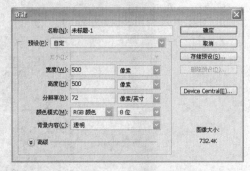

图 7-66 新建文件

① 打开素材图片\第七章\baby.jpg，用椭圆选区工具，同时按【Shift】键画正圆选取素材图片，移动到透明背景上，【Ctrl+T】组合键变换选区，调整大小到合适位置，如图 7-67 所示，图层调板如图 7-68 所示。

图 7-67 移动素材图片并调整

图 7-68 图层调板

② 复制图层 1，效果如图 7-69 所示。按【Ctrl+T】组合键变换选区，按【Shift+Alt】组合键等比例缩放，到中心圆直径 2cm，信息调板如图 7-70 所示，图层调板如 7-71 所示。

图 7-69 复制"图层 1"效果

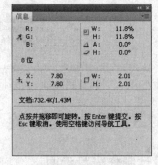

图 7-70 信息调板

图 7-71 图层调板

③ 复制"图层 1 副本"，按【Ctrl+T】组合键变换选区，按【Shift+Alt】组合键等比例缩放，比中心圆稍大即可，效果如图 7-72 所示，图层调板如图 7-73 所示。

图 7-72 复制"图层 1 副本"效果

图 7-73 图层调板

④ 按【Ctrl】键同时单击"图层 1 副本",然后选中"图层 1",如图 7-74 所示。按【Delete】键,删除中心圆孔。关闭上面两个图层前的眼睛图标,可看到如图 7-75 所示,中心圆孔中的内容被删除。

图 7-74 选中"中心圆孔"

图 7-75 删除"中心圆孔"

⑤ 设置"图层 1"的图层样式为"斜面浮雕/内斜面"效果,"图层 1 副本 2"的图层样式为"斜面浮雕/枕状浮雕"效果,如图 7-76 所示。然后设置"图层 1 副本"和"图层 2 副本"的填充为 0,如图 7-77 所示。

图 7-76 设置图层样式

图 7-77 设置图层"填充"属性

⑥ 单击选中"图层 1",运用"磁性套索工具"配合"选框工具",框选出圆的下半部分选区,按【Delete】键删除其中的内容,并填充成白色,如图 7-78 所示。同样方法,删除光盘的上半部分,如图 7-79 所示。

图 7-78 框选并删除下半部分内容　　　　图 7-79 删除上半部分内容

⑦ 用"横排文字工具"输入"快乐"两字，字体为"幼圆"，大小 72 点，颜色位置如图 7-80 所示。然后，打开素材图片 baobei.jpg，用"魔棒工具"抠出"宝贝"艺术字，放在相应的位置，如图 7-81 所示。

图 7-80 输入文本　　　　图 7-81 添加艺术字

⑧ 再次使用"横排文字工具"输入"音像出版社"和 978-654-321-1 字样，放置在光盘底部，如图 7-82 所示。最后打开素材图片 IBSN.jpg，将 IBSN 图标用"移动工具"移至合适位置，并调整图层顺序如图 7-83 所示，得到最终效果。

⑨ 文档保存。将制作完成的光盘盘面图像保存为"光盘盘面.jpg"。

图 7-82 添加版权信息　　　　图 7-83 调整图层顺序

综合实验二 翻动的电子相册

任务知识点

- Audition 应用。
- Flash 应用。
- ActionScript、JavaScript 代码。

目标和要求

- 学会对电子相册旁白用 Audition 做后期声音处理（含美化声音及添加背景音乐）。
- 掌握设计电子相册封面的方法。
- 学习隐形按钮的制作。
- 掌握相册翻动的动画制作与控制。

操作步骤

1．任务描述

制作一个可以翻动的电子相册，在优美的背景音乐和解说下，单击"下一页"按钮，相册向后翻页，单击"上一页"按钮，相册向前翻，翻到最后一页时，单击"完"按钮，相册合上。

2．操作指导

（1）用 Audition 做后期声音处理

① 运行 Adobe Audition 3.0，确认当前在多轨视图模式下，选择"文件"/"导入"命令，打开声音素材文件\第 7 章\pangbai.mp3，并将其拖动到音轨 1，如图 7-84 所示。

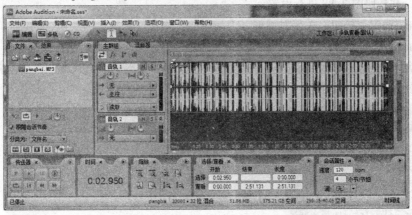

图 7-84 打开声音素材文件

② 单击"传送器"面板上的"播放"▶按钮，播放已录制好的电子相册旁白，试听录制的效果。

③ 在文件列表中，双击 pangbai.mp3 文件，进入其编辑模式。使用"时间选择"工具Ⅰ，单击并拖动鼠标选择音频波形，如图 7-85 所示。

④ 选择"效果"/"修复"/"降噪器（进程）"命令，打开"降噪器"对话框，单击"波形全选"按钮，并参照图 7-86 所示进行设置。

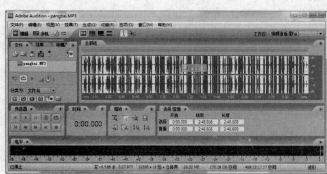

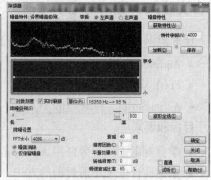

图 7-85　选择音频波形　　　　　　　　图 7-86　"降噪器"对话框

⑤ 设置完毕后，单击"确定"按钮，关闭对话框，对音频进行降噪处理，如图 7-87 所示是降噪后的音频波形。

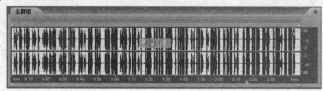

图 7-87　降噪后波形

⑥ 润色声音。在音频波形全选的状态下，选择"效果"/"调制"/"合唱"命令，打开"合唱"对话框，并参照图 7-88 进行设置。

⑦ 单击"确定"按钮，关闭对话框，为录制的音频文件添加合唱效果，润色人声。按下键盘上的【Space】键进行播放，试听添加合唱后的效果。

⑧ 为旁白添加背景音乐。单击"多轨视图"模式，回到多轨编辑状态，选择"文件"/"导入"命令，打开本实验教材的声音素材文件月光.mp3，并将其拖动到音轨 2，如图 7-89 所示。

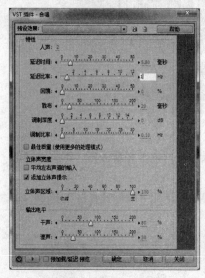

图 7-88　"合唱"对话框

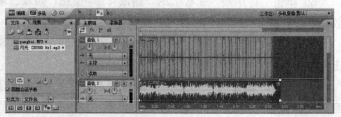

图 7-89　导入声音素材文件

⑨ 将鼠标移至"月光"音频结尾处，当鼠标变成双向箭头时调整其长度与旁白相等，然后调整剪辑的音量包络曲线如图 7-90 所示，使得背景音乐有"淡入"和"淡出"效果。

图 7-90　调整音量包络曲线

⑩ 导出加背景音乐后的旁白文件。选择"文件"/"导出"命令，打开"导出音频混缩"对话框，如图 7-91 所示，输入"加背景后的旁白.mp3"文件名，然后单击"保存"按钮，即可导出加背景音乐的旁白。

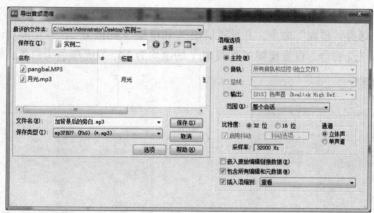

图 7-91　导出声音文件

（2）电子相册封面设计

① 新建一个 Flash（ActionScript 3.0）文档，选择"修改"/"文档"命令，打开"文档属性"对话框，如图 7-92 所示。设定影片标题为"翻动的电子相册"，尺寸为 400×300 像素，然后单击"确定"按钮，关闭对话框。

② 选择"插入"/"新建元件"命令，打开"创建新元件"对话框，新建一个名称为 fengmian，类型为图形的元件。选中绘图工具栏

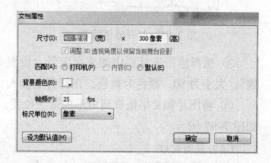

图 7-92　新建文档

中的"矩形工具"，设置其笔触颜色为无，填充颜色为黑色，在舞台上画一个矩形。选中矩形工具后，在属性面板上将其宽改为 300，高为 400，如图 7-93 所示。左上角对齐舞台的中心点，如图 7-94 所示。

图 7-93　绘制矩形并设置大小

图 7-94　左上角对齐舞台中心点

③ 导入素材图片"首页.jpg"，选择"修改"/"转换为元件"命令将其转换为影片剪辑元件，在属性面板上单击"滤镜"折叠按钮打开滤镜面板。单击"添加滤镜"按钮打开滤镜菜单，如图 7-95 所示，选择"模糊"命令，并设置模糊 X 和模糊 Y 的值为 2，柔化图片边缘。再从滤镜菜单中选择"发光"命令，设置模糊 X 和模糊 Y 的值均为 10，发光颜色为白色，如图 7-96 所示。

图 7-95　打开滤镜菜单

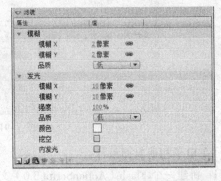

图 7-96　设置模糊滤镜参数

④ 选择绘图工具栏中的文字工具，设置字体为"华文新魏"，大小为 50，颜色为黄色，在舞台上输入"童年记忆"。

⑤ 将图片和文字拖放到矩形的适当位置，完成封面制作，如图 7-97 所示。

（3）页面设计

① 选择"插入"/"新建元件"命令，新建一个名为 page 的图形元件。选择矩形工具，在舞台上画一个宽为 300 像素，高为 400 像素的矩形，并将其左上角对齐舞台的中心点。

② 选择"插入"/"新建元件"命令，新建一个名为 button 的按钮元件。选取"点击"帧，并按【F6】键插入一个关键帧，在舞台用矩形工具画一个矩形。

图 7-97　封面

③ 选择"插入"/"新建元件"命令，新建一个名为 pages 的影片剪辑元件。单击"插入图层"图标新建一个图层，在图层名称上双击，并将其重命名为 book。

④ 右击 book 层的第 1 帧，在弹出的快捷菜单中选择"转换为空白关键帧"命令。选中第 1 帧，在"动作"面板中输入 stop();，如图 7-98 所示。

⑤ 在第 2 帧处按 F7 插入空白关键帧，在库面板中将元件 fengmian 拖放到舞台上，左上角和舞台中心点对齐。

图 7-98　"帧-动作"面板

⑥ 在第 3 帧处按【F7】键插入空白关键帧，将元件 page 拖放到舞台上，并和 fengmian 的实例对齐。

⑦ 在第 8 帧处按【F5】键插入帧，使 book 层的帧扩展到第 8 帧。

⑧ 单击"插入图层"图标，在 book 层上新建一个图层，在图层名称上双击，并将其重命名为 button。右击第 1 帧，在弹出的快捷菜单中选择"转换为空白关键帧"命令。在第 2 帧处按【F6】键插入关键帧，将按钮元件 button 拖放到舞台中，在属性面板中将其宽设为 300 像素，高设为 400 像素，并覆盖在 fengmian 上方，如图 7-99 所示。

⑨ 在 button 层的第 3、4、5、6、7、8 帧处分别建立关键帧，用文字工具输入页码 1、2、3、4、5、6。

⑩ 单击"插入图层"图标，在 button 层上新建两个图层，在图层名称上双击，分别将其重命名为 pagebutton 和 text。将 pagebutton 层的第 4 帧转换为关键帧，制作向后翻页按钮"下一页"；将 text 层的第 4 帧转换为关键帧，插入图片或输入文本，完成后的页面效果如图 7-100 所示。

⑪ 按照上一步的操作将 pagebutton 层的第 5、6、7、8 帧转换为关键帧，在第 5 帧和第 7 帧制作向前翻页按钮"上一页"；在第 6 帧制作向后翻页按钮"下一页"；将 text 层的第 5、6、7 帧转换为关键帧，输入文本。将 pagebutton 层的第 8 帧转为关键帧，制作按钮"完成"，作用是当按下此按钮时，相册合上，返回到初始状态，如图 7-101 所示。

图 7-99　制作按钮元件

图 7-100　页面效果

图 7-101　相册结束效果

（4）翻页动画制作

① 选择"插入"/"新建元件"命令，新建一个名为 flip 的影片剪辑，在第 37 帧右击，从弹出的快捷菜单中选择"插入帧"命令，将帧扩展至第 37 帧。在 flip 层上新建一个图层，重命名为 rightflip，将影片剪辑 pages 放置在舞台内，右上角和舞台中心点对齐，即在"信息"面板中，其坐标为 x=-150,y=200。在属性面板中将其命名为 rightflip。

提示：为在设计动画时方便查看舞台效果，可以进入元件 pages 的编辑窗口，将时间轴中各图层的第一帧删除。动画制作完毕后，再在各图层加上一个空白关键帧及相应的帧动作命令。

② 在 rightflip 层下新建 leftpage 层。将影片剪辑 pages 放置在舞台内，打开"信息"面板，将其坐标设置为 x=-450,y=200。并在属性面板中将其命名为 leftpage。此时，rightflip 和 leftpage 的位置如图 7-102 所示。两者间的距离为电子相册的宽度。

③ 在 rightflip 层上方再新建 leftflip 层。将影片剪辑 pages 放置在舞台内，和 rightflip 对齐，并将其命名为 leftflip，这个层主要用来实现翻页效果。

④ 选中 leftflip 层的第 2 帧和第 9 帧，按【F6】键将其分别转换为关键帧。选择工具面板上的任意变形工具，将 pages 的中心点移至左上角，在"变形"面板中将第 9 帧处 pages 的水平缩放设置为 85%，垂直倾斜设置为-85，如图 7-103 所示。

图 7-102　rightflip 和 leftpage 的位置

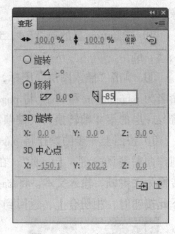

图 7-103　"变形"面板

⑤ 将 leftflip 层的第 10 帧转换为空白关键帧，将影片剪辑 pages 拖放到舞台上，在"信息"面板中设置其坐标为 x=-150,y=200。然后选择工具面板上的任意变形工具，将 pages 的中心点移至左上角。

⑥ 将 leftflip 层的第 18、19、20、29 帧转换为关键帧。

⑦ 将第 10、第 29 帧处 pages 的"变形"设置为：水平缩放 85%；垂直倾斜 85。效果如图 7-104 所示。

图 7-104　变形后效果

⑧ 将第 19 帧的 pages 拖放在舞台外。

⑨ 选择第 9 帧并右击，在弹出的快捷菜单中选择"复制帧"命令，在第 30 帧上右击，在弹出的快捷菜单中选择"粘贴帧"命令；同理，将第 2 帧复制至 36 帧，将第 19 帧复制到第 37 帧。

⑩ 第 36 帧处将 pages 的"变形"设置为：水平缩放 95%；垂直倾斜 10。

⑪ 在帧面板中，将第 2～9、10～18、20～29、30～36 帧的渐变设置为动画渐变动画，如图 7-105 所示。

图 7-105　制作渐变动画

（5）ActionScript 语句

① 新建 Actions 层，在第 1 帧处按【F6】键建立关键帧，打开"动作"面板，输入以下 ActionScript 语句。

```
Stop();
tellTarget("rightflip"){
nextFrame();
}
```

② 同理，在第 2、10、18、19、20、29、37 帧处建立关键帧，并分别设置其 ActionScript 语句如下所示：

第 2 帧：

```
tellTarget("rightflip"){
    nextFrame();
}
tellTarget("rightflip"){
    nextFrame();
}
tellTarget("leftflip"){
    nextFrame();
}
```

第 10 帧：

```
tellTarget("leftflip"){
    nextFrame();
}
```

第 18 帧：

```
tellTarget("leftflip"){
    nextFrame();
}
tellTarget("leftflip"){
    nextFrame();
}
```

第 19 帧：

```
Stop();
```

第 20 帧：

```
tellTarget("leftflip"){
    prevFrame();
}
tellTarget("leftflip"){
    prevFrame();
}
```

第 29 帧：

```
tellTarget("leftflip"){
    prevFrame();
}
```

第 37 帧：

```
tellTarget("leftflip"){
    prevFrame();
}
Stop();
tellTarget("rightflip"){
    prevFrame();
}
tellTarget("rightflip"){
    prevFrame();
}
```

③ 单击时间轴上的编辑元件按钮，切换到影片剪辑 pages，单击层 button 的第 2 帧，选择舞台上的按钮，在动作面板中输入如下代码：

```
On(release){
tellTarget(".."){
gotoAndPlay(2);
}
}
```

④ 在 pagebutton 层，单击第 4 帧，选中舞台上的"下一页"按钮，在动作面板中输入如下代码：

```
On(release){
tellTarget(".."){
gotoAndPlay(2);
}
}
```

⑤ 同理，设置第 5 帧"上一页"按钮的代码如下：

```
On(release){
tellTarget(".."){
gotoAndPlay(20);
}
}
```

第 6 帧"下一页"按钮的代码如下：

```
On(release){
tellTarget(".."){
gotoAndPlay(2);
}
}
```

第 7 帧"上一页"按钮的代码如下：

```
On(release){
tellTarget(".."){
gotoAndPlay(20);
}
}
```

第 8 帧"完成"按钮的代码如下：

```
On(release){
tellTarget("../leftpage"){
gotoAndStop(1);
}
tellTarget("../leftpage"){
gotoAndStop(2);
}
tellTarget("../leftpage"){
gotoAndStop(4);
}
tellTarget(".."){
gotoAndPlay(32);
}
}
```

⑥ 回到场景，将影片剪辑 flip 放置在场景中，摆放好位置。按【Ctrl+Enter】组合键测试效果。书页翻动的效果图如图 7-106 所示。

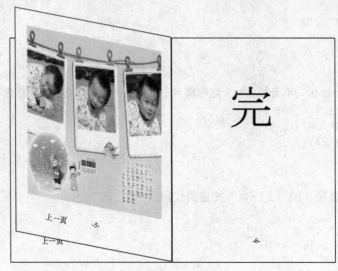

图 7-106　书页翻动效果

（6）整合声音文件

① 双击影片剪辑 flip，并新建"解说"图层，如图 7-107 所示，将"加背景的旁白.mp3"导入到库中，选择 1～30 帧间的任意一帧，在"属性"面板中设置声音属性，如图 7-108 所示。

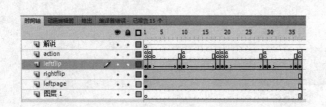

图 7-107　新建"解说"图层

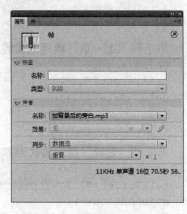

图 7-108　设置"声音"属性

② 回到场景，将影片剪辑 flip 放置在场景中，摆放好位置。

③ 保存文档。按【Ctrl+Enter】组合键测试综合效果，将结果文档保存为"电子相册综合实例.fla"。

第 8 章 实用工具软件

8.1 基础实验

实验任务一 PDF 文档阅读工具

任务知识点

- PDF 文档阅读工具的工作界面。
- PDF 电子文档阅读浏览。

目标和要求

- 学会 PDF 文档阅读工具的使用方法。
- 掌握使用 PDF 文档阅读工具打开、浏览及打印 PDF 文件的操作方法。

操作步骤

1. 启动 PDF 文档阅读程序

① 双击桌面上的 Adobe Reader XI 快捷图标。

② 或者选择"开始"/"程序"/Adobe Reader XI 命令，启动 PDF 文档阅读程序。程序运行后，出现如图 8-1 所示的 Adobe Reader 启动窗口。

2. 使用 PDF 文档阅读程序

① 打开 PDF 文件。单击"打开"命令，打开指定文件夹中的"第一课.pdf"文件，如图 8-2 所示为打开 PDF 文件后的主窗口。

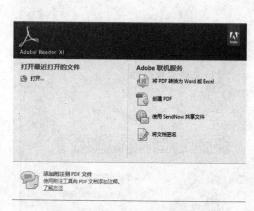

图 8-1 Adobe Reader 启动窗口

图 8-2 打开 PDF 文件后的主窗口

② 熟悉"视图"菜单中的各命令功能。选择"视图"菜单查看各命令，并熟悉命令的功能，根据实际需求选择合适的方式浏览已经打开的 PDF 文件，或者使用工具栏中的各种工具如图 8-3 所示。选择"视图"/"显示隐藏"/"工具栏"子菜单下的选项，可选择在主工具栏中显示或关闭某种工具。

图 8-3　工具栏

③ 使用工具栏中的快捷工具浏览 PDF 文件。对打开的 PDF 文件利用"页面导览"工具，可逐页浏览，如图 8-4 所示为打开左上角的"页面缩略图"按钮后，向右打开的一个折叠的页面缩略图导航目录，可通过单击每个页面的"缩略图"图标，逐页浏览 PDF 文件。单击"选择和缩放"按钮，可调整页面的显示比率。单击"页面显示"按钮，可确定页面的显示方式。

④ 使用"视图"菜单中的选项浏览 PDF 文件。选择"视图"/"全屏模式"命令，打开的 PDF 文件以全屏模式显示，如图 8-5 所示，若要退出全屏模式，按【Esc】键即可。

如果选择"视图"/"阅读模式"菜单项，则

图 8-4　页面缩略图导航目录

打开的 PDF 文件以阅读模式显示，如图 8-6 所示。选择"视图"/"注释"/"批注"命令，就打开该 PDF 文件的相应的"注释（批注）"窗格。如图 8-7 所示，若要退出"注释"模式状态，可再次单击工具栏上"注释"按钮。

图 8-5　全屏模式

图 8-6　阅读模式

⑤ "自动滚动和朗读"模式浏览 PDF 文件。选择"视图"/"页面显示"/"自动滚动"命令，如图 8-8 所示，页面将以连续滚动的方式浏览每一页内容，直至页末。选择"视图"/"朗读"/"启用朗读"命令，如图 8-9 所示，启动"朗读"功能选项后，可以再次选择"视图"/"朗读"/"仅朗读本页"或"朗读到文档结尾处"命令来设置朗读的范围。"朗读"菜单子项中的"暂停"或"播放"来控制朗读的进度。

图 8-7　PDF 文件的注释窗口

图 8-8　"视图"菜单中的"页面显示"命令

⑥ 对 PDF 文件进行打印设置。选择"文件"/"打印"命令，在弹出的"打印"对话框中，如图 8-10 所示对对话框，进行打印机、打印范围、页面处理等设置后，单击"确定"按钮。

图 8-9　"视图"菜单中的"朗读"命令

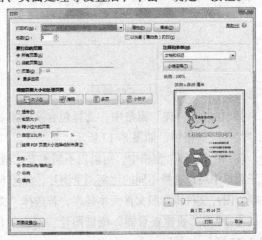

图 8-10　"打印"对话框

实验任务二　iSee 应用

任务知识点

● iSee "浏览器"的浏览与管理。

- iSee "快速查看器"的显示。
- iSee 的图片编辑修改。

目标和要求

- 熟悉 iSee 的操作环境。
- 学会在"快速查看器"中浏览图片。
- 掌握使用编辑模式中的各种工具修改图片。
- 掌握制作幻灯片、合成为相册、屏幕保护程序的方法。
- 掌握输出为视频相册的操作方法。

操作步骤

1. 启动 iSee 程序

双击桌面上的 iSee 快捷图标，或选择"开始"/"所有程序"/"iSee 图片专家"/"iSee 图片专家"命令。程序运行后出现如图 8-11 所示的窗口。

2. 熟悉 iSee 的操作环境

① 打开每个菜单，查看菜单中的菜单项。打开"查看"菜单查看"左侧文件夹"菜单项前是否出现☑，如果没有，选择"左侧文件夹"菜单项，如图 8-12 所示，"左侧文件夹"的"文件夹"和"预览"窗口将显示在左边。

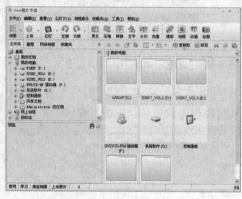

图 8-11　iSee 窗口

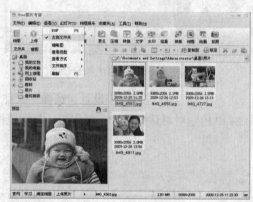

图 8-12　"查看"菜单

② 在"文件夹"窗格中，选择包含实验素材图片的文件夹，该文件夹中的图片文件将显示在"文件"窗格中，如图 8-13 所示。

③ 在"文件"窗格中，可以以不同的方式浏览图片文件。选择"查看"/"缩略图"命令，在其子菜单中可以选择不同的比例浏览图片，如图 8-14 所示；从"文件排序"子菜单中选择"大小"选项，图片文件将按照文件大小排序，若选择"文件名称"选项，图片文件按照文件名排序。

④ 使用"快速查看器"浏览图片。双击文件 08-1.jpg，在"快速查看器"中打开文件，如图 8-15 所示。

⑤ 使用"快速查看器"主要工具栏中的工具按钮，如图 8-16 所示，对图片进行旋转、放大、缩小等操作。单击"前进"按钮、"后退"按钮及"幻灯"按钮，浏览实验素材中的图片，如果要停止幻灯片播放图片，按【Esc】键退出"幻灯片"播放状态即可。还可以利用"大小""裁剪"按钮对图片进行调整。

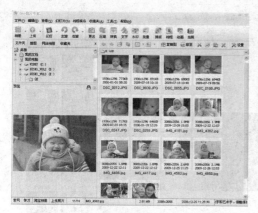

图 8-13 包含实验素材图片的文件夹

图 8-14 多种查看模式

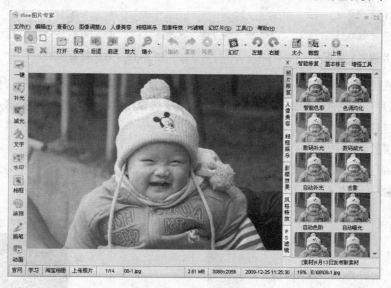

图 8-15 快速查看器

图 8-16 主要工具栏

3. 掌握 iSee 的照片处理功能

① "快速查看器"中显示照片 08-1.jpg，如图 8-17 所示，进入到编辑模式可对照片进行处理。

② 在编辑状态下，打开的照片右侧自动显示出各种快捷工具按钮集合，根据各种按钮的不同功能分为：照片修复、人像美容、相框娱乐、影楼效果、风格特效、PS 滤镜等快捷编辑面板，如图 8-17 所示。

③ 单击"照片修复"面板中的任一效果按钮，如"自动补光"，照片则显示出"自动补光"后的效果。可以选择"查看"/"对比"命令，对比照片前后的变化，如图 8-18 所示，确认是否是想要的效果，如果不是，可以单击主工具栏中的"撤销"按钮，撤销之前的操作。如果所做的处理步骤较多，可单击"原图"按钮，照片则恢复到未处理前的状态。

图 8-17 "照片修复"面板

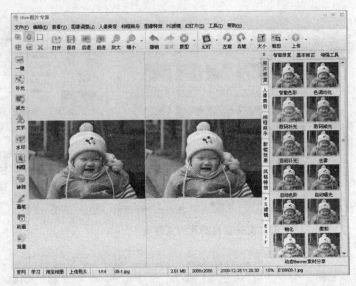

图 8-18 对比查看模式

④ 如果在上一步操作中，对处理后的照片效果满意，可以单击工具栏中的"保存"按钮。弹出"保存图片"对话框，如图 8-19 所示。根据需要选择相应按钮。将文件以 08-1xiugai.jpg 为文件名保存在指定文件夹中。

4. 将本实验素材中的照片合成为相册屏保

① 在 iSee 主窗口中（见图 8-11），选择"幻灯片"/"合成相册屏保"命令，弹出"合成相册屏保"对话框（见图 8-20）。

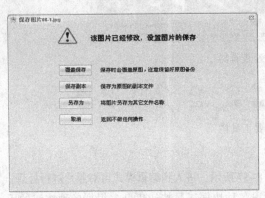

图 8-19 "保存图片"对话框

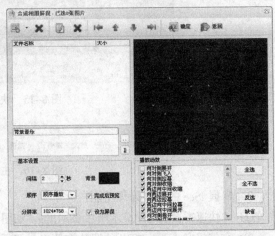

图 8-20 "合成相册屏保"对话框

② 在弹出的"合成相册屏保"对话框中，单击"添加图片文件"按钮，弹出"文件选择"对话框，如图 8-21 所示。选中所需图片的左上角的复选框，来选择想要的图片制作屏保。也可以单击该对话框中的"全选"、"全不选"、"反选"等按钮进行快速选择。然后，单击"确定"按钮，返回到"合成相册屏保"对话框，可以看到刚才选中的文件已经出现在左侧的文件列表框中。

"添加图片文件"按钮 —

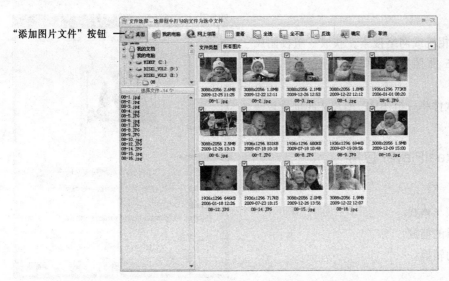

图 8-21　"文件选择"对话框

③ 在如图 8-22 所示的对话框中，选择图片并调整图片的次序。在左侧图片列表框中，选中一张图片，在工具栏中单击"上移图片"、"下移图片"、"移动到第一张"、"移动到最后一张"按钮可调整图片次序，单击"添加音乐"按钮可以为合成后的屏保添加背景音乐。

"添加音乐"按钮 —　　　　　　　　　　　　　　　　　　　　　　　　— 调整图片次序按钮

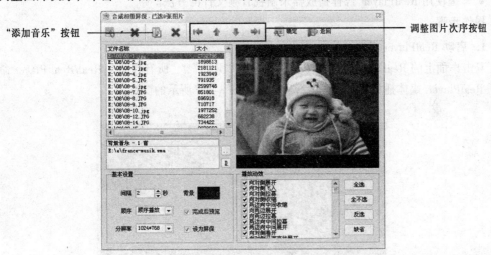

图 8-22　调整图片次序及添加背景音乐

④ 如图 8-22 所示，对屏保的背景，每张图片出现的间隔、播放顺序、分辨率等进行基本设置，并在右侧的"播放动效"列表框中，设置屏保的播放动效。

⑤ 保存屏保相册。最后单击"确定"按钮，弹出"iSee 相册文件"对话框，以 08-Screen.scr 为文件名保存在指定文件夹中。

⑥ 设置预览屏保程序。在桌面上右击，在弹出的快捷菜单中选择"个性化"命令，弹出"个性化"对话框，选择"屏幕保护程序"命令，设置照片为当前的屏幕保护程序，如图 8-23 所示。单击"预览"按钮，可以欣赏到自己制作的相册屏保。

5. 拓展任务

① 用数码照相机或网络搜索，获取一组校园风景照片（不少于 5 张照片），用 iSee 软件制作成相册屏保。

② 用 iSee 软件将一组 BMP 图片文件批量转换成 JPG 格式。

实验任务三　RealPlayer 应用

任务知识点

- 媒体的类型与格式。
- 媒体播放器的播放。
- 媒体格式的转换。

目标和要求

图 8-23　设置屏保程序

- 掌握使用 RealPlayer 播放器播放指定文件夹中的媒体文件的方法。
- 掌握使用 RealPlayer 媒体播放器转换媒体格式的方法。
- 掌握使用 RealPlayer 媒体播放器录制视音频文件的方法。

操作步骤

1. 启动 RealPlayer 媒体播放器

双击桌面上的 Real Player 快捷图标，或选择"开始"/"所有程序"/Real/Real Player 命令，启动 RealPlayer 媒体播放器。程序运行后出现如图 8-24 所示的窗口。

图 8-24　Realplayer 窗口

2. 使用 Realplayer 媒体播放器

① 打开影音文件。选择"文件"/"打开"命令，打开指定文件夹中的"的士速递 1.rmvb"视频文件，在如图 8-25 所示的窗口下方的工具栏上，可单击"播放"/"暂停"按钮暂停该视频，用鼠标拖动时间轴线上的圆形滑块，可以选择控制要播放的视频部分，还可拖动声音后的滑块来调整声音的大小。

图 8-25　主窗口下方的快捷工具栏

②　熟悉"视图"菜单中的各种播放模式。选择"视图"菜单查看各命令，并比较"正常"、"工具栏"、"影院模式"的区别，根据实际需要选择合适的模式浏览已经打开的影音文件。选择"视图" / "缩放"命令，如图 8-26 所示，在其子菜单中可以选择"原始大小"、"双倍大小"和"全屏影院"命令来观看影片。

③　用拖动方法播放视音频文件。打开指定的文件夹，只要将待播放的视频或音频文件用鼠标选中直接拖动到 RealPlayer 的窗口中，然后放开鼠标，RealPlayer 便立即播放相应的视音频文件。

对于在网络中搜索到的视频或歌曲，只要将相应视频或歌曲的链接直接拖动到 RealPlayer 的窗口中，软件也会立即在线播放对应的视频或歌曲，如图 8-27 所示。

图 8-26　"视图"菜单中的"缩放"命令　　　　　图 8-27　拖动到播放器窗口中

④　批量导入连续播放。对于有多首歌曲需要同时导入到 RealPlayer 中进行连续播放的情况，通常有两种方法实现批量导入：第一种方法是在存放歌曲的文件夹中选中所有需要导入的歌曲文件，然后将其直接拖动到 RealPlayer 的播放窗口中；第二种方法是使用同样的方法选中所有需要导入的歌曲文件并右击，在弹出的快捷菜单中选择"在 RealPlayer 中播放"命令或"添加至 RealPlayer 的'现在播放'列表"命令，如图 8-28 所示。这两种方法 RealPlayer 都会自动以列表方式播放歌曲。

⑤　使用"收藏夹"功能反复播放欣赏视音频文件。无论是经典的歌曲还是电影影片，无论是存放在本地的媒体文件还是网络音视频文件，如果需要多次反复进行播放欣赏，反复输入网络 URL 链接或层层打开目标文件夹比较麻烦，使用 RealPlayer 的"收藏夹"功能，可大幅提高操作效率。在第一次打开自己喜欢的歌曲或影视节目时，如果觉得有必要再次欣赏甚至是需要反复欣赏时，可以在 RealPlayer 中直接选择"收藏夹" / "将剪辑添加至收藏夹"命令，软件会自动记录下当前播放媒体文件的具体存放路径或对应的网络 URL 链接，如图 8-29 所示。以后需要再次播放这个媒体文件时，只要直接在软件的"收藏夹"中选择即可。当然，也可以在软件中对"收藏夹"里的各种媒体文件记录信息进行分类整理。

图 8-28　批量添加至 RealPlayer 的播放列表

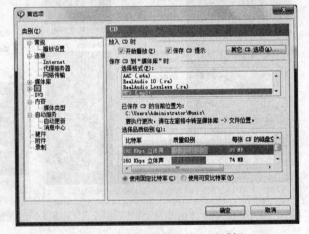

图 8-29　"将剪辑添加至收藏夹"命令

⑥ 使用"格式转换"命令转换媒体格式。选中"媒体库"中的一个或多个剪辑，选择"工具"/"转换媒体格式"命令，弹出"转换媒体格式"对话框，如图 8-30 所示。

可使用这些对话框、下拉式菜单和选项进行手动转换媒体格式。设置如图 8-30 所示，可以将 CD 格式的文件转成 MP3 格式的音乐文件。

⑦ 录制视频直播。RealPlayer 可以将播放中的任何音频和视频录制到媒体库中。不但具有明确开始和结束位置的点播媒体

图 8-30　"转换媒体格式"对话框

（如歌曲、电影预告或 Internet 视频），甚至可以从直播流媒体（如直播电视网络广播）录制剪辑。

无论是录制点播或直播信号流音频或视频媒体，只要信号流可以录制，就可以在播放中随时开始录制，并可以随时暂停，如图 8-31 所示。

RealPlayer 支持所有主要视频类型，包括 RealMedia、Windows Media、Flash、QuickTime 和 MP3 等，受版权保护的音视频除外，RealPlayer 会警示某剪辑是否可录制，如图 8-32 所示。

图 8-31　可以录制时的界面

图 8-32　禁用录制时的界面

录制操作步骤：在 RealPlayer 中播放可录制媒体时，单击播放器控制栏上的录制按钮，或选择"文件"/"录制"/"录制此剪辑"命令，或按【Ctrl+R】组合键开始录制。可以在剪辑中的任何位置单击"录制"按钮，以开始下载和录制剪辑。保存录制完成的剪辑。播放器控制栏的定位滑块会跟踪剪辑当前的播放进度。需要的整个剪辑下载到缓冲后，剪辑被保存到"媒体库"时，状态对话框会做出提示。

3. 拓展任务

① 如图 8-27 所示，在 Real Guide 中选择一个在线 MTV 进行播放。

② 从网上下载 5 份.wmv 格式的音乐文件，用 Realplayer 组成播放队列进行自动播放。

③ 将 Realplayer 设为.wmv 格式文件的默认播放器。

④ 将下载的音乐文件的格式全部转为.mp3 格式文件。

实验任务四　Nero Burning Rom 应用

任务知识点

- 光盘类型、光盘格式、资料映像。
- 数据缓冲、光盘刻录、可引导光盘。

目标和要求

- 学会 Nero Burning Rom 光盘刻录程序的使用方法。
- 掌握使用 Nero Burning Rom 刻录 DVD 光盘、CD 光盘的参数设置。
- 掌握使用 Nero Burning Rom 刻录 DVD 光盘、CD 光盘的操作。

操作步骤

1. 启动 Nero Burning Rom 光盘刻录程序

双击桌面上的 Nero Burning Rom 快捷图标，或选择"开始" / "程序" /Nero Burning Rom/Nero Burning Rom 命令，启动 Nero Burning Rom 光盘刻录程序。程序运行后，出现如图 8-33 所示的 Nero Burning Rom 窗口，该屏幕由一个菜单栏和一个带有多个按钮及一个下拉菜单的工具栏组成。

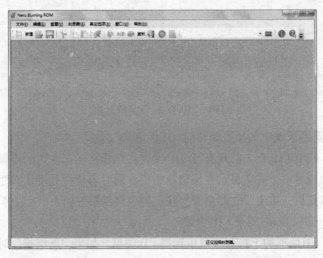

图 8-33　Nero Burning Rom 主窗口

2. 使用 Nero Burning Rom 刻录 DVD 光盘

① 从"新编辑"对话框的下拉列表框中选择 DVD 选项。如果没有出现"新编辑"对话框，可单击"新建"按钮打开此对话框，如图 8-34 所示。

② 在列表框中选择"DVD 视频"类型。选择如图 8-35 所示的 ISO 选项卡，在选项卡中按实际需要设置各项参数选项。

图 8-34　"新编辑"对话框　　　　　　　　　　　图 8-35　ISO 选项卡

③ 单击"新建"按钮。弹出如图 8-36 所示窗口，该窗口包括视频和映像文件编辑区域和数据区域。

图 8-36　"DVD 视频编辑"窗口

④ 从右边的浏览器区域中选择要刻录的 DVD 视频文件。

⑤ 将视频节目（VIDEO_TS）的现有 DVD 文件夹结构拖动至左边的视频编辑区域中。这些文件将会添加到编辑内容中，并会显示在编辑窗格中，同时容量栏会指示需要的光盘空间。所有要刻录的内容全部选定后，单击"立即刻录"按钮刻录已编辑好的 DVD 内容。

3. 使用 Nero Burning Rom 刻录 CD 光盘

① 在"新编辑"对话框的下拉列表框中选择 CD 类型，如果"新编辑"对话框未打开，可以单击"新建"按钮将其打开。

② 在列表框中选择"音频 CD"类型。显示如图 8-37 所示的"音乐光盘"选项卡，在选项卡中按实际需要设置各参数选项。音频 CD 应始终使用光盘一次刻录方法进行刻录。

③ 单击"新建"按钮，弹出如图 8-38 所示的窗口。从右侧浏览器区域中选择要刻录的音频文件。音频文件可以来自硬盘驱动器，或来自音频 CD，也可选择 M3U 播放列表。

④ 将所需音频文件拖动至左侧编辑区域中。这些文件将会添加到编辑内容中，并显示在编辑窗口中，同时容量栏会指示需要的光盘空间。

图 8-37　"音乐光盘"选项卡

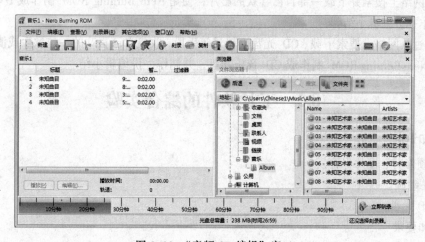

图 8-38　"音频 CD 编辑"窗口

⑤ 对要添加的所有音频文件重复上一步骤，编辑完成后，单击"立即刻录"按钮刻录已编辑好的音频 CD。

4. 在 Nero Burning Rom 中开始刻录过程

① 在窗口的下拉列表中选择一个刻录机，插入 CD 或 DVD 空白光盘，选择光盘类型。

② 选择"刻录"选项卡设置刻录选项，如图 8-39 所示，选择写入速度、写入方式等参数。

③ 如果要在完成后关闭计算机，则选中"刻录完成后关闭 PC"复选框；如果要在刻录完成后检查写入数据，则选中"验证写入数据"复选框。

④ 单击窗口上方的"立即刻录"按钮或右下角的"立即刻录"按钮，开始刻录过程。屏幕上会显示一个进度条，指示刻录过程的当前进度，如图 8-40 所示。如果要使用相同编辑开始另一刻录过程，则单击"再次刻录"按钮。

⑤ 刻录过程完成，可以从刻录机中取出刻录完毕的光盘。

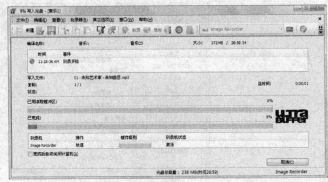

图 8-39 "刻录"选项卡　　　　　　　　图 8-40　刻录过程

5．拓展任务

① 使用 Nero Burning ROM 将计算机上生成的全部作业文档，按门类备份到 CD 盘上。

② 从网络上搜索并下载一部自己喜欢的影片，使用 Nero Burning ROM 制作成 DVD 视频光盘，并制作一份编辑小结。

③ 通过从网络上搜索下载、CD 光盘上辑录等手段，收集自己喜欢的一位歌手或演奏家的作品，使用 Nero Burning ROM 制作成 CD 音乐光盘，并制作一份编辑小结。

8.2　工具软件的综合实验

任务知识点

● 视频修剪、图片保存。
● GIF 动画。
● VCD 光盘。

目标和要求

● 学会 RealPlayer 修剪视频、保存图片的使用方法。
● 掌握使用 iSee 制作 GIF 动画的方法。
● 掌握使用 Nero Burning Rom 刻录 VCD 光盘的操作。

操作步骤

1．启动 RealPlayer 媒体播放器

打开一个视频文件（如猪猪侠之囧囧危机），如图 8-41 所示，将鼠标移动到播放窗口上，各种快捷悬浮按钮变为可用状态，单击中间"修剪"按钮，弹出如图 8-42 所示的 RealPlayer 修剪程序窗口。

拖动左侧边界用来确定要保存新视频的起始点，拖动右侧边界用来确定要保存新视频的结束点，两个边界中间的部分就是要保存的新视频片断，确定要保存的视频内容。单击图中右下角的"保存修剪"按钮，弹出"另存为"对话框，选好要保存的位置，可以为新视频片断起一个新的名称，单击"保存"按钮，新视频便生成了。

在剪辑视频的同时，可能会发现一些精彩瞬间，这时可以用 RealPlayer 的"保存图片"功能将其保存下来。在图 8-42 所示的"修剪程序"窗口中，将鼠标移至视频预览区域，出

现悬浮按钮，单击中间"保存图片"按钮，随后弹出"另存为"对话框，选择要保存的位置即可。

图 8-41　RealPlayer 播放窗口

图 8-42　RealPlayer 修剪程序窗口

2. 启动 iSee 程序

启动 iSee 程序，单击"常用"工具栏中的"动画"图标 ，选择"幻灯动画"命令，出现如图 8-43 所示的"合成 GIF 动画"对话框，单击 "添加图片"图标，选择自己要做动画的素材图（可以按住【Ctrl】键选择多张图片），如图 8-44 所示。然后，单击"确定"按钮 ，进入合成 GIF 动画界面，如图 8-45 所示，上下键调整图片的顺序，按照需求设置动画大小、排列方式、间隔，设置好了之后，单击"预览"按钮 ，查看效果，觉得效果满意，单击"保存"按钮 。

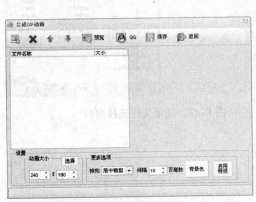

图 8-43　"合成 GIF 动画"对话框

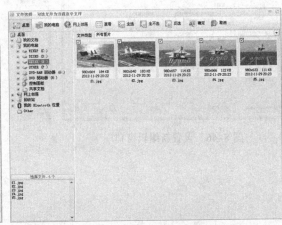

图 8-44　文件选择窗口

图 8-45　GIF 动画设置窗口

3. 启动 Nero Burning Rom 光盘刻录程序

修剪好的视频，如果能够在影碟机中播放，则可利用 Nero Burning Rom 程序制作成 VCD 光盘。启动 Nero Burning Rom 光盘刻录程序，单击"新建"按钮，弹出刻录方式设置选择对话框，如图 8-46 所示，在左边栏目框，选择要刻录的光碟类型：Video CD，选择"菜单"选项卡来定制您的 VCD 菜单，然后单击"新建"按钮，新建一个刻录，弹出如图 8-47 所示的刻录文件选择窗口，在右边目录树中，找到要刻录的视频文件，直接拖入左边空白区域，要刻录多个视频文件，依次拖进来即可。然后，单击工具栏中的"刻录"按钮就可以开始刻录了，完成后可到影碟机中播放。

图 8-46　设置新编辑窗口

图 8-47　刻录文件选择窗口

第 **9** 章　文献信息检索与利用

9.1　基 础 实 验

实验任务一　CNKI 中国知网系列数据库简单检索

任务知识点

- 简单检索。
- 分类导航。
- 检索结果排序。
- 结果的浏览与保存。

目标和要求

- 掌握 CNKI 中国知网数据库的基本检索方式和技巧。
- 能够对检索结果进行分析，以获取更多有价值的文献。

操作步骤

1. 利用简单检索了解"云计算"的相关内容并获取到目前为止用户下载次数最多的文章内容

① 登录 CNKI 主页（http://www.cnki.net），在页面上方的检索项下拉列表框中选择"主题"检索项，在检索框内输入检索词"云计算"，单击"检索"按钮得到简单检索结果（见图 9-1）。结果列表框中将显示文献的题名、作者、来源、发表时间、数据库、被引频次和下载频次等信息。

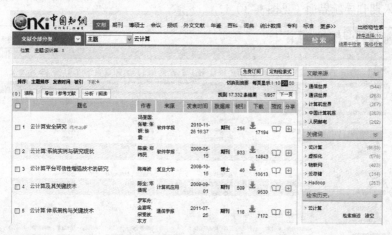

图 9-1　CNKI 简单检索结果界面

② 单击检索结果排序中的"下载"选项，将所有检索结果按照下载量由高至低进行排列（见

图 9-1），记录本次检索得到的下载次数最高的文章名称、作者、来源（期刊名）。也可以按照"主题排序"、"发表时间"和"被引"对结果进行排序。

③ 单击某文献题名，如"云计算安全研究"，进入 CNKI 结果保存界面（见图 9-2）。从该界面可以查看文献的详细信息，如：作者、机构、摘要、关键词、文内图片、基金信息、分类号、参考文献、相似文献等。单击"CAJ下载"或"PDF下载"链接将全文保存到磁盘上。此外，还可以通过该页面获取更多相关文献，如单击"同行关注文献"、"相关作者文献"或"相似文献"等按钮。

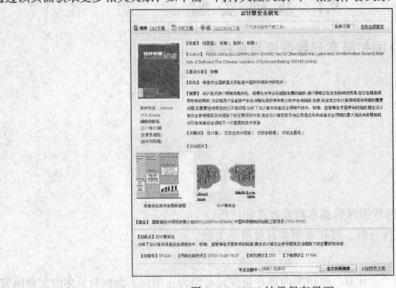

图 9-2　CNKI 结果保存界面

2. 利用期刊导航查找信息传播领域的核心期刊

① 登录 CNKI 主页，单击"期刊"链接进入 CNKI 电子期刊全文库，单击页面上方的"期刊导航"按钮进入期刊导航界面（见图 9-3）。

图 9-3　CNKI 期刊导航界面

② 选择导航界面左侧"专辑导航"/"核心期刊导航"选项卡，并在右窗格的学科分类列表中选择"第三编文化、教育、历史"/"信息与传播，新闻学、新闻事业类"选项，进入期刊导航结果界面（见图 9-4）。

③ 检索结果的处理。检索结果可以按照图形、列表和详细三种方式显示，也可以按照期刊刊名首字母进行排序。单击某一本期刊，可以获取该刊的详细信息如：主办单位、出版地、开本、ISSN、CN、曾用刊名等，并能在该刊内进行检索。记录下检索到的所有核心期刊名称和 ISSN 号并保存到计算机上。

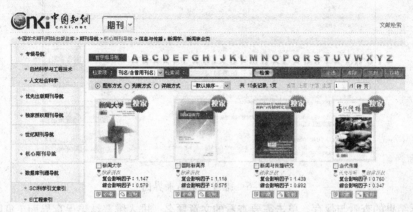

图 9-4　CNKI 期刊导航结果界面

实验任务二　维普中文科技期刊基本检索

任务知识点

- 基本检索。
- 二次检索。
- 检索结果的显示。
- 结果的浏览与保存。

目标和要求

掌握维普中文科技期刊的基本检索方式和技巧，并能够获取所需的期刊论文。

操作步骤

1. 利用维普期刊基本检索方式查找钱伟长在上海大学时发表的文章

① 登录维普主页（http://lib.cqvip.com/）进入基本检索界面（见图 9-5）。

图 9-5　维普快速检索界面

② 选择检索项，输入检索词。在检索项下拉列表框中选择"作者"选项，并在检索文本框中输入检索词"钱伟长"，单击"检索"按钮得到检索结果（见图 9-6）。

③ 二次检索。在检索结果界面上方的检索项下拉列表框中选择"机构"选项，然后在检索文本框中输入检索词"上海大学"，并选择"在结果中搜索"单选按钮，单击"检索"按钮进行二次检索，获取所需信息。

④ 检索结果的处理。检索结果页面提供文章的题名、作者、出处、摘要、基金和国内外知名数据库收录情况等信息，通过基金和数据库收录情况可以判断文献的重要性。维普对其检索结果还提供

按时间筛选功能，可将检索结果限定至一个月内、三个月内、半年内、一年内、当年内发表的文献。

图 9-6　维普检索结果界面

⑤ 检索结果的查看与保存。单击需要查看的文章题名，进入维普结果保存界面（见图 9-7）。从该界面可以查看文献的详细内容：题名、作者、机构地区、出处、基金、摘要、关键词、分类号、参考文献、相似文献和被引情况等信息。单击结果保存界面上的"下载全文"按钮下载全文到计算机上。

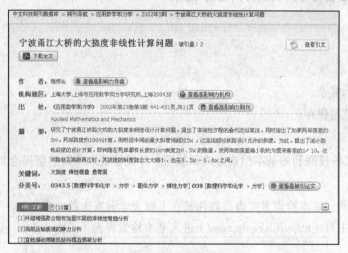

图 9-7　维普结果保存界面

2. 拓展任务

利用维普中文科技期刊查找"李开复"在"计算机"杂志上发表的文章，并任选一篇保存到计算机上。

实验任务三　超星数字图书馆快速检索

任务知识点

- 快速检索。
- 分类检索。
- 超星阅读器下载与安装。

● 结果的浏览与保存。

目标和要求

掌握超星数字图的基本检索方式和技巧并获取所需的图书。

操作步骤

1. 利用快速检索查找四大名著之一《红楼梦》（曹雪芹）

① 登录超星数字图书馆主页（http://www.sslibrary.com）进入快速检索界面（见图 9-8）。

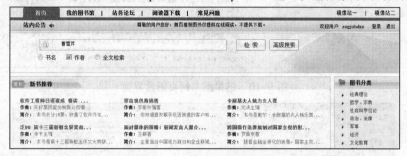

图 9-8　超星快速检索界面

② 第一次使用超星数字图书馆的用户必须下载安装超星阅读器：单击检索界面上方的"阅读器下载"链接，进入阅读器下载界面，选择一个下载途径，下载并安装超星阅览器。安装时需注意：必须安装阅读器最新版本才能保证正常使用，如果已有低级版本必须先卸载后再安装，不要在低级版本上进行覆盖安装。

③ 选择检索项，输入检索词。在检索文本框中输入检索词"曹雪芹"，选择检索框下的"作者"单选按钮，单击检索获得检索结果（见图 9-9）。检索结果界面提供图书的书目信息，并可以按照书名和出版日期进行排序。

图 9-9　超星快速检索结果界面

④ 图书的阅读与下载。超星提供网页和阅读器两种阅读方式。网页阅读需要安装超星网页阅读插件，用户第一次使用网页阅读方式时，系统会自动提示用户下载安装，在网页阅读界面可以进行书内全文内容的检索（见图 9-10）。单击图书下方的"阅读器阅读"链接进入阅读器阅览模式（见图 9-11）。若要将感兴趣的图书保存在计算机中，单击"下载本书"链接即可。

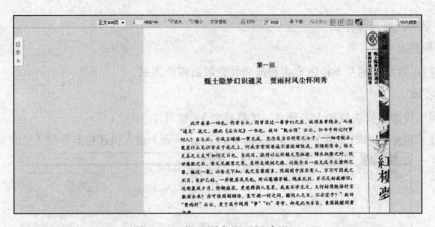

图 9-10　超星图书网页阅读界面

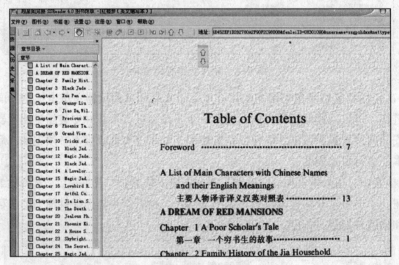

图 9-11　超星图书阅读器阅读界面

2. 通过分类检索查找法语方面的电子图书

① 登录超星数字图书馆主页，在主页面右侧的"图书分类"区域选择"语言、文字"进入分类检索界面（见图 9-12）。

图 9-12　超星分类检索界面

② 超星图书完全按照《中国图书馆分类法》进行分类。选择"常用外国语言" / "法语"命令，在分类检索界面右侧出现该类目下的图书列表，可以将图书按照书名和出版日期进行排序。另外，还可以选中"在本分类下检索"复选框进行该类目下的检索。

3．拓展任务

① 利用超星数字图书馆检索"钱学森"的著作，并下载《科学的艺术与艺术的科学》一书保存后阅读。

② 利用超星的高级检索查找梁思成建筑方面的著作，保存检索结果。

提示：登录超星数字图书馆主页，单击检索文本框后的"高级搜索"按钮进入高级搜索界面。选择检索项"主题词"和"作者"，分别在相应文本框中输入检索词"建筑"和"梁思成"，两个检索项之间为逻辑与的关系即"并且"。

实验任务四　Elsevier 电子期刊全文库快速检索

任务知识点

- 快速检索。
- 期刊导航。
- 专有词符号的使用。
- 精炼检索。
- 结果的查看与保存。

目标和要求

- 掌握 Elsevier 电子期刊全文库的基本检索方式和技巧。
- 分析检索结果获取有价值的外文期刊文献。

操作步骤

1．利用简单检索获取与"云计算（cloud computing ）"相关的外文期刊论文。

① 登录 Elsevier 主页（http://www.sciencedirect.com）进入快速检索界面（见图 9-13）。

② 输入检索词。在 All fields 后的检索文本框中输入检索词 cloud computing，由于英语与汉语的切词方式不同，所以输入时需要使用专有词组符号" "。如果不使用" "符号，系统将按照检索式：cloud AND computing 进行检索。输入专有词组符号时需要注意的是，一定要使用半角输入法。

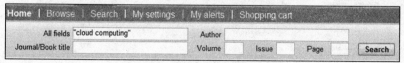

图 9-13　Elsevier 快速检索界面

③ 精炼检索。单击 Search 按钮获得检索结果，检索结果将包含有期刊论文和电子图书，因仅需期刊论文，所以用检索结果界面左侧的 Refine Results 栏目对检索结果进行筛选，选择 Content Type/Journal/Limit To 即可获得所需期刊论文，最终检索结果如图 9-14 所示。

④ 论文的查看与保存。Elsevier 提供三种查看方式：预览（Preview）：可以显示文章摘要和大纲；HTML 全文：单击文章题名获取 HTML 全文显示格式；PDF 全文：单击 PDF 图标可进行全文的查看与保存。值得注意的是，Elsevier 提供最多 20 篇文献的批量下载的功能，选择需要

下载的文章，单击检索结果界面上方的 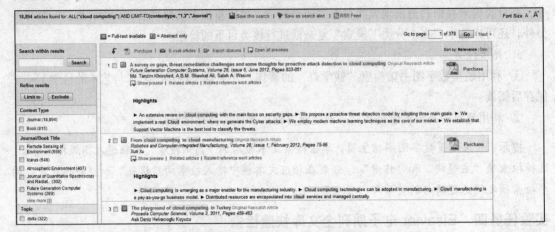 即可。

图 9-14　Elsevier 快速检索结果界面

2. 利用期刊浏览查找 Elsevier 出版社著名学术期刊 *The Lancet*（柳叶刀）

① 登录 Elsevier 主页，单击主页左侧 Browse 栏目或主页上方的 Publications 按钮进入期刊浏览页面。

② 确定学科范围。由于 Elsevier 平台资源众多，为了快速找到所查期刊，采用期刊刊名顺序和学科分类浏览相结合的浏览方法。选中页面左侧的 Journals(3271)复选框，单击 Apply 按钮将浏览结果限定在期刊内。单击浏览页面左侧的 Browse by Subject/View all，界面将显示 Elsevier 的学科分类表（见图 9-15）。由于 *The Lancet* 是著名的医学杂志，单击 Medicine and Dentistry 进入该类目下的期刊列表界面。

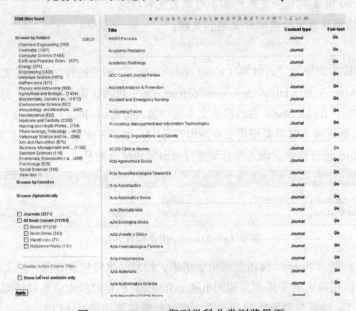

图 9-15　Elsevier 期刊学科分类浏览界面

③ 按刊名顺序获得期刊。期刊列表界面是按照刊名字顺进行排序的，单击字母 L，在以 L 开头的期刊列表中（见图 9-16）找到期刊 *The Lancet*。单击刊名进入该刊内容界面，用户可以按照卷期对期刊进行浏览，也可以对该刊内容进行检索。

Browse by Subject	Edit ☐	Title	Content type	Full-text
Medicine and Dentistry (3388)		L'évaluation en art-thérapie	Book	☐₩
Browse by Favorites		Laboratory Animal Medicine (Second Edition)	Book	☐₩
Browse Alphabetically		The Laboratory Fish	Book	☐₩
		The Laboratory Mouse	Book	☐₩
☑ Journals (3271)		The Laboratory Primate	Book	☐₩
☑ All Book Content (11763)		The Laboratory Rat	Book	☐₩
☑ Books (11218)				
☑ Book Series (343)		The Laboratory Rat (Second Edition)	Book	☐₩
☑ Handbooks (71)		Das Laborbuch	Book	☐₩
☑ Reference Works (131)				
		Das Laborbuch (2. Auflage)	Book	☐₩
☐ Display Series Volume Titles		Laborwerte (4)	Book	☐₩
☐ Show full-text available only		Laborwerte (5. Auflage)	Book	☐₩
Apply		The Lancet	Journal	☐₩

图 9-16 Elsevier 期刊刊名字顺浏览界面

3. 拓展任务

利用 Elsevier 电子期刊全文库查找本专业的一本著名期刊，并任选某期上的一篇文献保存到计算机上。

实验任务五　Springer 电子期刊及电子图书全文库快速检索

任务知识点

- 快速检索。
- 检索结果筛选。

目标和要求

- 掌握 Springer 数据库的快速检索方式和技巧。
- 能够对检索结果进行分析，以获取有价值的外文文献。

操作步骤

利用简单检索查找上海大学数学系白延琴（Yan-qin Bai）老师发表的论文。

① 登录 Springer 主页（http://link.springer.com），进入快速检索界面（见图 9-17）。

图 9-17　Springer 快速检索界面

② 输入检索词。在检索文本框中输入检索词 Yan-qin Bai，单击 🔍 按钮获取检索结果。

③ 检索结果的处理。在检索结果中可以进行二次检索，也可按照学科、出版年、文献来源和内容类型等进行结果的筛选。因为白延琴老师的研究领域是数学方面，所以选择 Discipline/Mathemaics 进一步缩小检索范围，最终检索结果如图 9-18 所示。

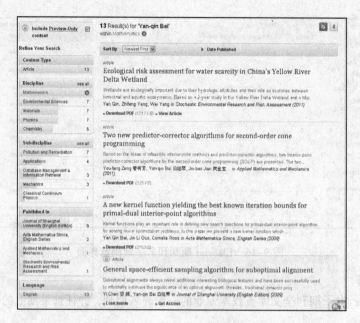

图 9-18　Springer 检索结果界面

④ 论文的查看与保存。选择 Download PDF 进行显示和保存操作。

2. 拓展任务

① 利用 Springer 电子期刊及电子图书全文库查找本专业的某位知名教授的文稿，并任选一篇文献保存到计算机上。

② 利用 Springer 高级检索查找近年来网络编码（Network Coding）方面的论文，保存检索结果。

提示：登录 Springer 主页，单击快速检索文本框后方的 Advanced Search 进入高级检索界面。在 with the exact phrase 的检索文本框中输入检索词 Network Coding，在 Show documents published 下拉框中选择 between 时间并限定在 2010 至 2013（当前时期）。

实验任务六　ProQuest 学位论文全文库基本检索

任务知识点

- 基本检索。
- 检索结果的筛选。

目标和要求

掌握 PQDT 数据库的常用检索方式和技巧，获取外文学位论文文献。

操作步骤

1. 利用基本检索查找研究美国文化（American culture）的博士论文

① 登录 PQDT 主页（http://pqdt.calis.edu.cn）进入基本检索界面（见图 9-19）。

② 输入检索词。在检索文本框内输入检索词 american culture，单击"检索"按钮获取检索结果。

③ 检索结果的筛选。在检索结果右侧选择"学位"/Ph.D.选项，将检索结果限定在博士学位论文内。由于检索结果过于宽泛，选择检索结果右侧的"一级学科"/Social Science 缩小检索范围获取最终检索结果（见图 9-20）。

图 9-19　PQDT 基本检索界面

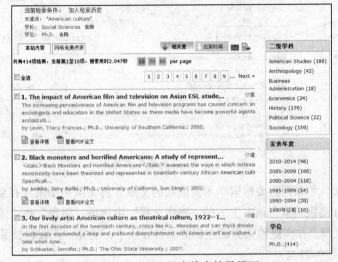

图 9-20　PQDT 基本检索结果界面

④ 检索结果的查看与保存。单击检索结果界面的"查看详情"按钮进入检索结果保存界面，该界面提供了论文的详细信息如：论文题名、作者、学位、学校、日期、指导老师、学科和文摘等，单击"下载 PDF 全文"可获取全文保存到计算机内。

2. 拓展任务

利用 ProQuest 学位论文全文库查找研究云计算（Cloud Computing）的硕士论文，并任选一篇文献保存到计算机上。

9.2　提 高 实 验

实验任务一　CNKI 中国知网系列数据库高级检索

任务知识点

- 高级检索。
- 检索范围限制。
- 二次检索。
- 检索结果分组分析。

目标和要求

- 掌握 CNKI 中国知网数据库的高级检索方式和技巧。
- 分析检索课题及结果，获取有价值的文献。

操作步骤

1. 利用高级检索获取建筑行业有关"城市规划"方面近 5 年来学术价值较高的研究论文

① 登录 CNKI 主页（http://www.cnki.net），单击"高级检索"按钮进入高级检索界面（见图 9-21）。

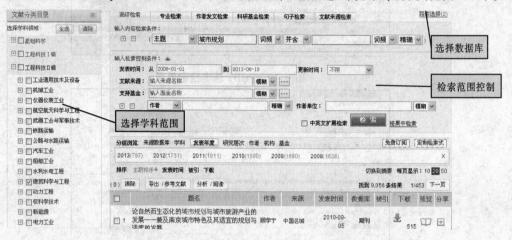

图 9-21　CNKI 标准检索界面

② 选择数据库。考虑到需要检索学术价值高的文献，将文献类型限定在期刊论文和博士学位论文内。在 CNKI 高级检索界面右上方的"跨库选择"中选择"期刊"和"博士"复选框。

③ 选择学科范围。在高级检索界面左侧的学科导航中，选择"工程科技Ⅱ辑"/"建筑科学与工程"选项（见图 9-21）。

④ 选择检索项，输入检索词。选择"主题"检索项，在检索文本框中输入"城市规划"，并选择"精确"匹配模式。

⑤ 选择检索范围控制条件。在"发表时间"选项，将时间限定为从 2008-1-1 到 2013-8-18（设定最近 5 年的时间），单击"检索"按钮进行检索。

⑥ 二次检索。首次检索的结果可能范围太过宽泛，需要缩小检索范围，从文章作者所在机构做进一步限定。鉴于同济大学一直在城市规划专业排名上名列前茅，在"作者单位"检索文本框中输入"同济大学"，选择精确匹配模式，单击"结果中检索"按钮获得精确的检索结果（见图 9-22）。

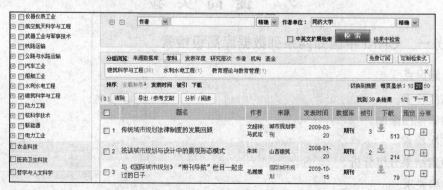

图 9-22　CNKI 检索结果界面

⑦ 检索结果的分组。CNKI 系统可以对检索结果进行不同方式的分组，这里选择按照"学科"分组（见图 9-22），可以看到不同学科类别及其各类别下的文章数量。也可以通过分组查看不同来源、数据库、同研究层次、不同发表年度、不同文献作者的文献，较为全面的了解"城市规划"研究领域的相关内容。

⑧ 检索结果的排序与保存。与简单检索相同，参见 9.1 节中的实验任务一。

2. 拓展任务

利用 CNKI 中国知网系列数据库查找有关"节能减排"方面近 3 年来学术价值较高的研究论文，并保存检索结果。

实验任务二　维普中文科技期刊高级检索

任务知识点

- 高级检索。
- 多条件组配检索。
- 扩展检索条件。

目标和要求

- 掌握维普中文科技期刊的高级检索方式和技巧，并能分析检索课题获取所需期刊论文。

操作步骤

1. 利用高级检索查找上海大学在工程技术领域获得国家自然科学基金赞助，且在 SCI 收录的中文期刊上发表的期刊论文

① 登录维普主页（http://lib.cqvip.com），单击"高级检索"按钮进入高级检索界面（见图 9-23）。

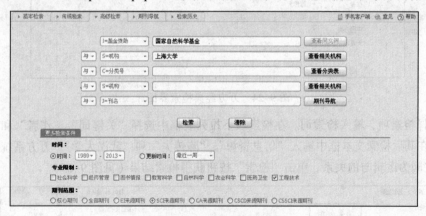

图 9-23　维普高级检索界面

② 选择检索项，输入检索词。根据检索需求，选择"I=基金资助"和"S=机构"检索项，并在检索文本框中分别输入检索词"国家自然科学基金"和"上海大学"。

③ 选择逻辑组配关系。基金资助和机构两个检索条件之间是交叉关系，选择逻辑选项"与"。

④ 限制检索范围。在"更多检索条件"中选择"专业限制"/"工程技术"和"期刊范围"/"SCI 来源期刊"选项。

⑤ 单击"检索"按钮获得检索结果。

2. 拓展任务

利用维普中文科技期刊检索查找本校教师，近 3 年来在社会科学领域获得国家社会科学基金赞助，且在核心期刊上发表的期刊论文，保存检索结果。

实验任务三 万方知识服务平台经典检索

任务知识点

- 经典检索。
- 多条件组配检索。
- 检索结果处理。

目标和要求

- 掌握万方知识服务平台的经典检索方式和技巧，并能够通过多条件组配检索及检索结果的处理精确获取所需文献。

操作步骤

1. 利用经典检索查找武汉大学陈传夫教授有关"信息资源"方面的研究论文

① 登录万方主页（http://www.wanfangdata.com.cn/），单击"高级检索"/"经典检索"按钮进入经典检索界面（见图 9-24）。

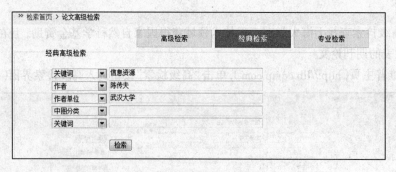

图 9-24 万方经典检索界面

② 选择检索项，输入检索词。在检索项下拉列表框中选择"关键词"、"作者"和"作者单位"，分别在其后检索文本框中输入"信息资源"、"陈传夫"和"武汉大学"。万方系统指定各个检索条件之间为逻辑与的关系，单击"检索"按钮获得检索结果（见图 9-25）。

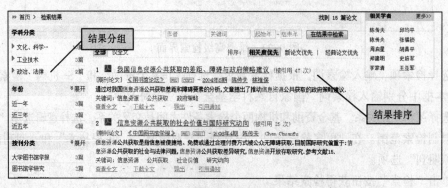

图 9-25 万方经典检索结果界面

③ 检索结果的处理。万方系统提供检索结果分组和排序功能，这里按照文章相关度进行排序。

2. 拓展任务

利用万方知识服务平台查找有关"云计算"的相关内容，并获取学术价值较高的相关文献。

提示：登录万方主页进入快速检索界面，在检索文本框中输入检索词"云计算"，单击"检索"按钮获取检索结果，单击检索结果界面的"经典论文优先"按钮，将引用次数比较多，或者在档次比较高的杂志上发表的文章排在前面。保存检索结果。

实验任务四　Elsevier 电子期刊全文库高级检索

任务知识点

- 高级检索。
- 多条件组配检索。
- 检索范围限制。

目标和要求

掌握 Elsevier 电子期刊全文库的高级检索方式和技巧，并能够对检索课题进行分析，获取所需的期刊论文。

操作步骤

1. 利用高级检索查找"知识管理（Knowledge discovery ）"和"数据挖掘（data mining）"的相关综述性期刊论文

① 登录 Elsevier 主页（http://www.sciencedirect.com），单击主页上方的 Advanced Search 按钮进入高级检索界面，单击导航栏的 Journals 选项卡进行电子期刊的检索界面（见图 9-26）。

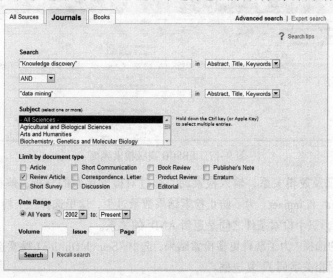

图 9-26　Elsevier 高级检索界面

② 选择检索项，输入检索词，选择多个检索条件间的逻辑关系。为了确保能获取更多的检索结果，选择检索项为 Abstract,Title, Keywords，分别在检索文本框中输入检索词："Knowledge discovery"和"data mining"，两个检索项之间为逻辑 AND 的关系。

③ 选择检索范围。因为需要综述性文章，将文献类型控制在 Review Article 内。

④ 单击 Search 按钮进行检索获取结果。

实验任务五　EBSCO 系列数据库高级检索

任务知识点

- 高级检索。
- 多条件组配检索。
- 检索选项的使用。
- 检索结果限制。

目标和要求

掌握 EBSCO 数据库的高级检索方式和技巧，并能够通过多条件组配检索及检索结果的限制精确获取所需文献。

操作步骤

1. 利用高级检索查找经济危机（financial crisis）对中国（china）影响（impact）的文章，且文章中要包含有图表或者照片

① 登录 EBSCO 系统主页（http://search.ebscohost.com），选择数据库后进入基本检索界面，单击基本检索文本框下的 Advanced Search 按钮进入高级检索界面（见图 9-27）。

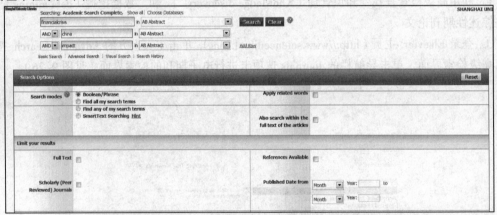

图 9-27　EBSCO 高级检索界面

② 选择检索项及逻辑关系，输入检索词。通过对检索课题的分析，解析出三个检索词：financialcrisis、china 和 impact。为了防止检索结果数量过少，这里选择三个检索词的检索入口均为文摘 AB Abstract，三个检索条件之间是逻辑 AND 的关系。

③ 检索选项的选择。为了获得更多检索结果，选中"Search Opition（检索选项）"中的"Apply related worlds（应用相关字词）"复选框。

④ 限定检索结果。在限制结果中选中"Image Quick View Types（图像快速查看）"复选框，查找文章内含有图表或照片的论文。

⑤ 检索结果的查看与保存。单击 Search 按钮获取检索结果（见图 9-28），EBSCO 提供检索结果预览的功能，单击题名后的放大镜图标可以查看文章的详细的题录信息。EBSCO 提供"PDF

全文"或者"HTML 全文"两种全文查看和保存格式。此外,系统将文章中的图片显示在结果下方,单击图片可以查看大图。

图 9-28 EBSCO 高级检索结果界面

2. 拓展任务

利用 EBSCO 系列数据库查找 2010—2012 年发表的有关电子图书(ebook)的学术论文,存检索结果。

实验任务六 ProQuest 学位论文全文库高级检索

任务知识点

- 高级检索。
- 多条件组配检索。
- 检索范围限制。

目标和要求

掌握 Proquest 学位论文库的高级检索方式和技巧,并能分析检索课题获取所需期刊论文。

操作步骤

1. 利用高级检索查找研究网络环境(internet)下知识组织(knowledge management)的英文博士论文

① 登录 PQDT 主页(http://pqdt.calis.edu.cn)进入高级检索界面(见图 9-29)。

② 选择检索项,输入检索词,选择多个检索条件间的逻辑关系。根据检索需求,选择两个"摘要"检索项,分别在检索文本框中输入检索词 internet 和 knowledge management,两个检索项之间为逻辑与(并且)的关系。

图 9-29 PQDT 高级检索界面

③ 检索范围限制。分别在"学位"和"语种"检索范围内选择"博士"和 English。

④ 检索结果的查看与保存。单击"检索"按钮获得检索结果，保存检索结果。

2. 拓展任务

利用 ProQuest 学位论文全文库查找 2011 年发表的有关数据挖掘（data mining）的硕士论文，保存检索结果。

实验任务七　馆藏书目数据库多项辅助检索

任务知识点

- 多项辅助检索。
- 多条件组配检索。

目标和要求

掌握馆藏书目数据库的检索方法和技巧，并能够精确获取所需纸本文献。

操作步骤

1. 利用多项辅助检索查找研究《红楼梦》的有关著作

① 登录上海图书馆馆藏书目数据库系统主页（http://ipac.library.sh.cn），单击"多项辅助检索"按钮进入检索界面（见图 9-30）。

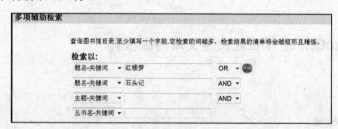

图 9-30　IPAC 多项辅助检索界面

② 选择检索项，输入检索词。因为《红楼梦》原称《石头记》，为了防止漏检这里将两个书名都作为检索词输入检索文本框中，并选择检索项"题名-关键词"。

③ 选择逻辑组配关系。通过分析两个检索词之间是逻辑或的关系，选择符号 OR。

④ 检索结果的查看。单击"开始"按钮获取检索结果，检索结果可以按照题名、著者、出版日期进行排序。单击感兴趣图书的书名可以查看该书的作者、出版社、ISBN、索书号等信息，还可以查看馆藏地址和借阅状态。

2. 拓展任务

利用上海图书馆馆藏书目数据库查找畅销书《杜拉拉升职记》，保存检索结果。

9.3　综合检索实验

任务知识点

- 课题分析。
- 检索系统的选择。
- 检索方式的确定。

- 检索结果的分析。
- 二次检索。

目标和要求

- 熟练运用常用中外文检索系统的检索方法和技巧，掌握现代信息检索步骤和策略。
- 对综合性的检索课题进行深入分析，并通过检索系统获取检索课题所需的文献。

操作步骤

1. 调研计算机领域内近两年来国内外有关"本体"研究的最新进展

（1）课题分析

① 确定检索词。从检索需求中，我们已经可以确定所采用的中英文检索词分别为"本体"，其对应和 ontology。

② 确定检索字段。可以使用的检索字段为题名、关键词或主题词，具体应根据所选择的检索系统决定。

③ 确定学科范围。计算机科学。

④ 确定时间范围。课题需要查找近 2 年来的论文，将时间范围确定为 2011—2013 年。

（2）选择检索工具

由于检索课题要求了解最新的研究进展，所以出版发行内容比较滞后的图书不适合该检索要求，应选择收录了期刊、学位论文、会议论文等能反映最新研究成果的国内外信息检索系统，这里选择的检索工具为：

① 中文信息检索工具：CNKI 中国知网系列数据库，包括期刊全文数据库、中国博士学位论文全文数据库、中国优秀硕士学位论文数据库和中国重要会议论文全文数据库。

② 外文信息检索工具：Elsevier 电子期刊全文库、Springer 数据库、ProQues 学位论文全文库。

（3）选择检索方式，构造检索式，调整检索结果

① CNKI 中国知网系列数据库的检索：

a. 登录 CNKI 主页，进入高级检索界面。在"跨库选择"复选框中选择期刊、博士、硕士、国内会议和国际会议。

b. 选择检索项，输入检索词。通过"+"添加另外两个检索项，分别选择"主题"、"关键词"和"篇名"检索项，输入检索词"本体"。

c. 选择检索词的匹配模式和多个检索项之间的逻辑组配关系。为了获得更确切的检索结果，选择"精确"模式，各个检索项之间为逻辑或的关系。

d. 选择发表时间。在"发表时间"选项将时间限定在从"2011-01-01"到"2013-08-18"。

e. 检索结果的分组筛选。为了获取与检索课题更相关的内容，将检索结果按照学科类别进行分组，单击"计算机软件及计算机应用"分组，获取该学科类别下的论文。

f. 检索结果排序。由于检索结果量比较大，为了获取学术质量较高的论文，将检索结果按照被引频次降序排序，最终检索结果如图 9-31 所示。通过对检索结果排名靠前论文的研究分析，获取国内有关"本体"研究的最新进展。

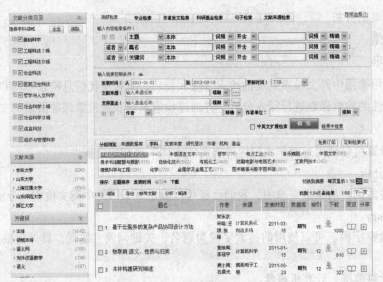

图 9-31　CNKI 检索结果界面

② Elsevier 电子期刊全文库的检索：

a. 登录 Elsevier 主页，单击 Advanced Search 进入高级检索，选择 Journals 选项卡进行期刊论文检索。

b. 选择检索项，输入检索词。选择代表题名和关键词的检索项 Title 和 Keywords，分别输入检索词 ontology。

c. 选择多个检索项之间的逻辑组配关系。各个检索词之间为逻辑或（OR）的关系。

d. 选择学科类型。在 Subject 选项内将学科限定在 Computer Science 内。

e. 限定检索时间。在 Date Range 选项将时间限定在 2011-present，检索界面如图 9-32 所示。

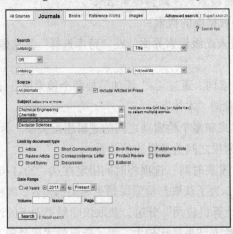

图 9-32　Elsevier 检索界面

f. 单击 Search 按钮获取国外关于本体的研究论文。

③ Springer 数据库的检索：

a. 登录 Springer 系统主页，单击 Advanced Search 进入高级检索界面。

b. 选择 where the title contains 检索项，并在检索文本框中输入检索词 ontology。

c. 限定检索时间。在 Show documents publishen 下拉列表框选择 between，并将时间限定在 2011 至 2013，单击 GO 按钮获取检索结果。

d. 检索结果的筛选。对检索结果按学科类别和内容类型进行筛选，在 Discipline 和 Content Type 中分别选择 Compute Science 和 Article 获取最终检索结果，如图 9-33 所示。

图 9-33　Springer 检索结果界面

④ ProQues 学位论文全文库的检索：

a. 登录 ProQues 学位论文全文库主页，在学科导航界面选择 Applied Sciences/Computer Science，获取 PQDT 收录的计算机科学的学位论文。

b. 选择检索项，输入检索词。在检索界面上侧的检索文本框中输入检索词 ontology，然后选择"在结果中检索"，单击"检索"按钮获取检索结果（见图 9-34）。

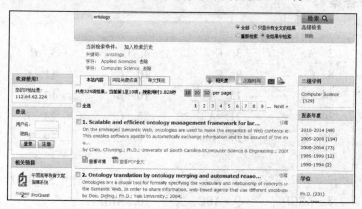

图 9-34　PQDT 检索结果界面

2. 拓展任务

通过检索获取有关明清时期学术思想的研究文献，保存检索结果。

提示：为了对明清时期的学术思想有一个比较深入系统的了解，仅查找期刊论文和学位论文是不够的，还需要查找纸本和电子图书资源；此外，考虑到该课题所涉及学科的发展特点，应尽量选择收录数据回溯年代较久远的检索系统；最后，由于是对中国思想史的研究，所以应以中文检索系统为主，推荐选择的检索工具有：CNKI 中国知网期刊全文数据库、万方知识服务平台、超星数字图书馆和上海图书馆馆藏书目数据库。

附录 A　习题参考答案

第 1 章　参考答案

一、简答题（略）

二、填空题

1. 硬件，软件　　　　2. 运算器、控制器、存储器、输入设备、输出设备

3. −126,+127　　　　4. 16

5. 2，3。　　　　　　6. 高速，速度匹配/速度不一致

7. 工作频率、工作电压、单片容量

三、选择题

1. A　　2. B

第 2 章　参考答案

一、填空题

1. F1　　2. Alt-Tab、Alt-Esc　　3. Exit

二、选择题

1. C　　2. A　　3. B

第 5 章　参考答案

一、单选题

1. B	2. A	3. C	4. C	5. C	6. C
7. B	8. C	9. C	10. C	11. C	12. B
13. A	14. A	15. A	16. B	17. D	18. D
19. A	20. C	21. A	22. C	23. B	24. A
25. A	26. B	27. C	28. C	29. C	30. A

二、多选题

1. BCD	2. ABC	3. AD	4. CD	5. BCD	6. ABCD
7. ABCD	8. ABCD	9. ABC	10. ABD		

三、填空题（注意："/"表示可以答案有多个表示，选其中之一即可。）

1. 通信子网，资源子网　　　　2. 简单邮件传输/SMTP

3. 广域网，城域网，局域网　　4. 超文本传输协议

5. 双绞线，同轴电缆，光缆　　6. TCP/IP 协议

7. 总线型，星状，环状　　　　8. 域名

9. 应用层，物理层　　　　　　10. http/超文本传输

第 6 章　参考答案

一、单选题

1．B	2．C	3．C	4．C	5．D	6．C
7．A	8．C	9．A	10．C	11．D	12．B
13．A	14．A	15．D	16．A	17．D	18．D
19．A	20．D				

二、多选题

1．ACD　　2．ABC　　3．BD　　4．ABD　　5．ABC

三、填空题

1．Internet 服务器　　　　　　　2．.mno　　　　　　　3．层叠样式表

4．选择器、声明　　　　　　　　5．插入日期储存时自动更新

6．"插入"/"HTML"/"水平线"　　7．GIF　　JPEG　　PNG

8．添加声音的目的、页面访问者、文件大小、声音品质、不同浏览器的差异

9．累进式下载视频、流视频　　　10．0　　　　　　　11．表格的单元格

12．导航控件、内容　　　　　　　13．mainFrame　　　14．htnew/p01.htm

15．_seft　　　　　　　　　　　　16．创建锚点、建立链接

17．任何类型的字母、数字、文本　18．单行、多行

19．html、head、body　　　　　　20．代码颜色、代码格式

第 7 章　参考答案

一、单选题

1．A　2．D　3．D　4．A　5．C　6．A　7．B　8．A　9．D　10．C

二、多选题

1．CD　2．AB　3．ABD　4．ABC　5．AC　6．ABCD　7．CD　8．BD

三、填空题

1．有损压缩　　　2．Adobe　　　3．运动动画　　　4．DAT

5．时间冗余编码　6．604MB　　　7．位图，矢量，矢量　8．白色

四、简答题（略）

第 8 章　参考答案

一、单选题

1．B　2．A　3．A　4．B　5．C　6．D　7．A　8．B

二、多选题

1．AC　2．ABC

三、填空题

1．位图，矢量图　　2．PDF　　　3．并排

四、简述题（略）

第9章　参考答案

一、填空题

1. 对客观世界中各种事物的变化和特征的反映，是客观事物之间相互作用和联系的表征，是客观事物经过感知或认识后的再现。

2. 图书、连续出版物、特种文献。

3. 外部

4. 书目数据库、文摘数据库、全文数据库。

5. 单元词

6. 将文献主题概念按知识学科性质进行分类和系统排列，并用号码（分类号）来表达其主题概念的语言。

7. 布尔逻辑检索、位置检索、截词检索、限制检索

8. 在特定的条件下，法律允许他人自由使用享有著作权的作品，而不必征得权利人的许可，也不必向其支付报酬的合法行为。

二、单选题

1. B　　2. A　　3. D　　4. A　　5. C　　6. B　　7. D　　8. D　　9. C

三、多项选择

1. ABC　　2. ABD　　3. AD　　4. ABCD　　5. ABCD　　6. ABC　　7. D　　8. BC

9. ACD　　10. ABCD

附录 B 自测练习题一

（本测试练习时间建议 90 分钟）

一、单选题，从下面题目给出的 A、B、C、D 四个可供选择的答案中选择一个正确答案。

1. 有线传输介质中传输速度最快的是_____。
   A. 电话线　　　　　B. 网络线　　　　　C. 红外线　　　　　D. 光纤

2. 信息安全的四大隐患是：计算机犯罪、_____、误操作和计算机设备的物理性破坏。
   A. 自然灾害　　　　B. 网络盗窃　　　　C. 计算机病毒　　　D. 软件盗版

3. 十进制数 8888 转换为二进制数是_____。
   A. 10001010111000B　B. 10011010111000B　C. 10111010111000B　D. 11011010111000B

4. CPU 即中央处理器，包括_____。
   A. 内存和外存　　　B. 运算器和控制器　C. 控制器和存储器　D. 运算器和存储器

5. DVD-ROM 盘上的信息_____。
   A. 可以反复读和写　B. 只能读出　　　　C. 可以反复写入　　D. 只能写入

6. 目前应用越来越广泛的优盘（U 盘）属于_____技术。
   A. 刻录　　　　　　B. 移动存储　　　　C. 网络存储　　　　D. 直接连接存储

7. _____不属于外部存储器。
   A. 软盘　　　　　　B. 硬盘　　　　　　C. 高速缓存　　　　D. 磁带

8. Windows 的桌面是指_____。
   A. 当前窗口　　　　B. 任意窗口　　　　C. 全部窗口　　　　D. 整个屏幕

9. 数据传输速率的单位是_____。
   A. 帧数/秒　　　　 B. 文件数/秒　　　 C. 二进制位/秒　　 D. 米/秒

10. 在 Excel 工作表的单元格中输入公式时，应先输入_____号。
    A. =　　　　　　　B. &　　　　　　　 C. @　　　　　　　 D. %

11. 在 Word 中，执行"粘贴"操作后_____。
    A. 剪贴板中的内容被清空　　　　　　　B. 剪贴板中的内容不变
    C. 选择的对象被粘贴到剪贴板　　　　　D. 选择的对象被录入到剪贴板

12. A/D 转换器的功能是将_____。
    A. 声音转换为模拟量　　　　　　　　　B. 模拟量转换为数字量
    C. 数字量转换为模拟量　　　　　　　　D. 数字量和模拟量混合处理

13. 在多媒体中，对模拟波形声音进行数字化（如制作音乐 CD）时，常用的标准采样频率为_____。
    A. 44.1 kHz　　　　B. 1024 kHz　　　　C. 4.7 GHz　　　　 D. 256 Hz

14. 关于 JPEG 图像格式，以下说法正确的是_____。
    A. 是一种无损压缩格式　　　　　　　　B. 具有不同的压缩级别
    C. 可以存储动画　　　　　　　　　　　D. 支持同时保存多个原始图层

15. _____不属于多媒体计算机可以利用的视频设备。
    A. 显示器　　　　B. 摄像头　　　　C. 数码摄像机　　　D. MIDI 设备

16. 在 Windows 7 中，录音机录制的声音文件的扩展名是_____。
    A. MID　　　　　B. WMA　　　　　C. AVI　　　　　D. WAV

17. _____不是计算机中使用的声音文件格式。
    A. WAV　　　　　B. MP3　　　　　C. TIF　　　　　D. MID

18. 流媒体技术的基础是_____技术。
    A. 数据传输　　　B. 数据压缩　　　C. 数据存储　　　D. 数据运算

19. 下面对 IP 地址分配的描述中错误的是_____。
    A. 网络 ID 不能全为 1　　　　　　　　B. 网络 ID 不能全为 0
    C. 网络 ID 不能以 127 开头
    D. 同一网络上的每台主机必须有不同的网络 ID

20. 关于防火墙，下列说法中正确的是_____。
    A. 防火墙主要是为了查杀内部网之中的病毒
    B. 防火墙可将未被授权的用户阻挡在内部网之外
    C. 防火墙主要是指机房出现火情时报警
    D. 防火墙能够杜绝各类网络安全隐患

21. 关于无线网络设置，下列说法正确的是_____。
    A. SSID 是无线网卡的厂商名称
    B. AP 是路由器的简称
    C. 无线安全设置是为了保护路由器的物理安全
    D. 家用无线路由器往往是 AP 和宽带路由器二合一的产品

22. 在因特网域名中，com 通常表示_____。
    A. 商业组织　　　B. 教育机构　　　C. 政府部门　　　D. 军事部门

23. _____是通过有线电视线接入上网。
    A. ADSL　　　　　B. Cable Modem　　C. ISDN　　　　　D. DDN

24. _____不是决定局域网特性的主要技术要素。
    A. 网络拓扑　　　B. 介质访问控制方法　C. 传输介质　　　D. 域名系统

25. 通过互联网将计算处理程序自动拆分成很多较小的子程序，分别交由众多服务器中的动态资源进行处理，再把结果返回给用户的方式称为_____。
    A. 网络爬虫　　　B. 云计算　　　　C. 黑客程序　　　D. 三网合一

二、填空题

1. 存储器分内存储器和外存储器，内存又叫主存，外存也叫_____。

2. 在微型机中，信息的基本存储单位是字节，每个字节内含_____个二进制位。

3. 在 Excel 中，为了进行分类汇总，必须先对关键字段进行_____。

4. 人类视觉系统的一般分辨能力估计为 26 个灰度等级，而一般图像量化采用的是 28 个灰度等级，这种冗余就称为_____冗余。

5. 当前使用最广泛的互联网协议是_____协议，主要包括传输控制协议和互联网协议。

三、操作题

（一）Windows 操作

1. 在 C:\CS 文件夹中建立名为 mypad 的快捷方式，指向 Windows 7 的系统文件夹中的应用程序 notepad.exe，并指定快捷键为【Ctrl+Shift+J】。

2. 将\自测题一\new.jpg 复制到 C:\CS 文件夹中，并重命名为 tuB.jpg。

（二）Office 操作

1. 启动 Word 2010，打开\自测题一\word.docx 文件，参照样张，按以下要求操作，将结果以原文件名另存在 C:\CS 文件夹中。

（1）将标题"瓶装水"设置为艺术字，样式为第 3 行第 2 列的效果；将艺术字的自动换行设置为嵌入型。

（2）将水瓶剪贴画图片设置高度和宽度均为 5cm；修改图片的文字环绕位置布局选项，使其为"衬于文字下方"。

（3）设置正文前三个段落为首行缩进 2 字符，行距为固定值 18 磅，段前段后间距为 0 行；设置"矿物质含量"表格的样式为"浅色网格–强调文字颜色 2"。

2. 启动 PowerPoint 2010，打开\自测题一\素材\Power.pptx 文件，按下列要求操作，将结果以原文件名存入 C:\CS 文件夹。

（1）在第 2 张幻灯片上，插入\自测题一\new.jpg 图片，设置图片效果为发光效果中的第 4 行第 3 列效果，放置在幻灯片下方居中；在第 3 张幻灯片上，对图片添加弹跳进入的动画效果。

（2）将演示文稿的主题更改为"凸显"（提示：该主题是白色底纹有红圈），隐藏第一张幻灯片的背景图形；将每张幻灯片设置为"垂直 随机线条"的细微型切换方式。

（三）网页设计

利用\自测题一\wy 文件夹中的素材（图片素材在 wy\images 中，动画素材在 wy\flash 中），按以下要求制作或编辑网页，结果保存在原文件夹中。

1. 打开主页 index.html，设置网页标题为"异地高考"；设置网页背景图片为 bg.jpg；设置表格属性：居中对齐、边框线宽度、单元格填充、间距设置为 0。

2. 合并第 1 行第 1 列和第 2 行第 1 列的单元格，并在其中插入图片 yidi.jpg，设置该图片的宽度为 236，高度为 139，超链接到 http://sh.sina.com.cn。

3. 设置"异地高考"的文字格式（CSS 目标规则名定为.gk），字体为华文楷体，大小为 36px，在单元格中水平居中；第 2 行第 2 列中的正文内容按照样张开头添加 8 个半角空格。

4. 按样张在"问卷调查"文字前添加水平线，设置水平线的颜色为：#8D7FE1；把"问卷调查"文字删除，然后插入 wjdc.swf 动画，将该动画调整为宽度 600 像素，高度 60 像素。

5. 按样张在最后一行第 2 列中插入表单，表单文字内容来自"问卷调查.txt"文件，设置单选按钮组（名称为 radio）中的"说不清楚"为默认选项，插入行数为 5 的多行文本区域，添加两个按钮"提交"和"重置"。

（四）多媒体操作

1. 图像处理

在 Photoshop 软件中参照样张（"样张"文字除外），完成以下操作：

（1）打开\自测题一\loong.jpg、wenli.jpg。

（2）将 loong.jpg 图片中的龙身合成到 wenli.jpg 图片中。

（3）对龙身设置斜面和浮雕效果，其样式为枕状浮雕，大小为 16 像素。

（4）更改该图层的图层混合模式，设法使龙身同样具有木质效果。

（5）输入文字：飞龙在天（华文新魏、60 点、颜色#da884e）并设置距离 10 像素的投影效果。

将结果以 photo.jpg 为文件名保存在 C:\CS 文件夹中。

2. 动画制作

打开素材文件夹中\自测题一\sc.fla 文件，参照样张（YangliB.swf）制作动画（"样张"文字除外），制作结果以 donghua.swf 为文件名导出影片并保存在 C:\CS 文件夹中。注意：添加并选择合适的图层。

操作提示：

（1）设置影片大小为 400px×300px，帧频为 12 帧/秒。

（2）将"元件 2"适当调整大小后放在中心，制作在第 1~9 帧保持静止，第 10~20 帧逐渐变大的动画效果，并显示至 80 帧。

（3）新建图层，在第 20~40 帧制作"元件 1"淡入的动画效果，并显示至 80 帧。

（4）新建图层，在第 41~60 帧制作放大后的"元件 2"变化为"旧上海浮光掠影"元件文字的动画效果，并显示至 80 帧。

（5）新建图层，利用"幕布"元件，从第 1 帧到 59 帧在左边静止，并创建从第 60 帧到第 80 帧拉上幕布的效果。

附录 C 自测练习题二

（本测试练习时间建议 90 分钟）

一、单选题，从下面题目给出的 A、B、C、D 四个可供选择的答案中选择一个正确答案。

1. 计算机中能直接被 CPU 存取的信息是存放在_____中。
   A. 软盘   B. 硬盘   C. 光盘   D. 内存

2. 计算机的中央处理器是由_____组成的。
   A. 运算器和控制器   B. 累加器和控制器   C. 运算器和寄存器   D. 寄存器和控制器

3. 美国科学家莫尔斯成功发明了有线电报和电码，拉开了_____信息技术发展的序幕。
   A. 古代   B. 第五次   C. 近代   D. 现代

4. 操作系统的主要功能是_____。
   A. 资源管理和人机接口界面管理   B. 多用户管理
   C. 多任务管理   D. 实时进程管理

5. 计算机硬件能直接识别和运行的语言只有_____。
   A. 高级语言   B. 符号语言   C. 汇编语言   D. 机器语言

6. 十六进制数 ABCDEH 转换为十进制数是_____。
   A. 713710   B. 703710   C. 693710   D. 371070

7. 计算机系统的内部总线，主要可分为控制总线、_____和地址总线。
   A. DMA 总线   B. 数据总线   C. PCI 总线   D. RS-232

8. 在 Windows 中，关闭一个活动应用程序窗口，使用的快捷键是_____。
   A.【Alt+Tab】   B.【Alt+F2】   C.【Alt+F4】   D.【Ctrl+Tab】

9. 计算机用一段时间后，磁盘空间会变得零散，可以使用_____软件工具进行整理。
   A. 磁盘空间管理   B. 磁盘清理程序   C. 磁盘扫描程序   D. 磁盘碎片整理

10. 信道按传输信号的类型来分，可分为_____。
    A. 模拟信道和数字信道   B. 物理信道和逻辑信道
    C. 有线信道和无线信道   D. 专用信道和公共交换信道

11. 在 Excel 中，单元格区域 A2:B3 代表的单元格为_____。
    A. A1 B3   B. B1 B2 B3   C. A2 A3 B2 B3   D. A1 A2 A3

12. 计算机采集数据时，单位时间内的采样数称为_____，其单位是用 Hz 来表示。
    A. 采样周期   B. 采样频率   C. 传输速率   D. 分辨率

13. WMA 格式是一种常见的_____文件格式。
    A. 音频   B. 视频   C. 图像   D. 动画

14. 下列采集的波形声音质量最好的应为_____。
    A. 单声道、16 位量化、22.05kHz 采样频率   B. 双声道、8 位量化、44.1kHz 采样频率
    C. 单声道、8 位量化、22.05kHz 采样频率   D. 双声道、16 位量化、44.1kHz 采样频率

15. _____不是衡量一种数据压缩技术性能好坏的重要指标。
    A. 压缩比　　　　　　B. 算法复杂度　　　　C. 压缩前的数据量　　D. 数据还原效果

16. 有关常见的多媒体文件格式，以下叙述错误的是_____。
    A. BMP 格式存储的是矢量图　　　　　　B. JPG 格式是有损压缩格式
    C. MP3 格式是有损压缩格式　　　　　　D. GIF 格式可以存储动画

17. 一幅图像分辨率为 16 像素 × 16 像素、颜色深度为 8 位（bit）的图像，未经压缩时的数据容量至少为_____字节。
    A. 16　　　　　　　　B. 16 × 16 × 8　　　　C. 16 × 16/8　　　　　D. 16 × 16 × 8/8

18. _____标准是静态数字图像数据压缩标准。
    A. MPEG　　　　　　B. PEG　　　　　　　C. JPEG　　　　　　D. JPG

19. _____协议是当前互联网上使用最广泛的协议，主要包括传输控制协议和网际协议。
    A. 以太网　　　　　　B. TCP/IP　　　　　　C. 蓝牙　　　　　　D. ISO 协议

20. 电子邮件地址由"用户名@"和_____组成。
    A. 网络服务器名　　　B. 邮件服务器域名　　C. 本地服务器名　　　D. 邮件名

21. FTP 协议是一个用于_____的协议。
    A. 文件传输　　　　　B. 分配地址　　　　　C. 地址转换　　　　　D. 协议转换

22. 在因特网域名中，edu 通常表示_____。
    A. 商业组织　　　　　B. 教育机构　　　　　C. 政府部门　　　　　D. 军事部门

23. _____是通过有线电视线接入上网。
    A. ADSL　　　　　　B. Cable Modem　　　C. ISDN　　　　　　D. DDN

24. 下列传输介质中不受电磁干扰的是_____。
    A. 同轴电缆　　　　　B. 光缆　　　　　　　C. 微波　　　　　　D. 双绞线

25. _____的传输带宽最高。
    A. 光纤接入　　　　　B. Cable Modem　　　C. ADSL　　　　　　D. 电话拨号

二、填空题

1. 光盘的类型有_____光盘、一次性写光盘和可擦写光盘三种。

2. USB 通用串行接口总线理论上可支持_____个外接装置。

3. 在 Excel 中，在 A2 和 B2 单元格中分别输入数值 18 和 16，当选定 A2:B2 区域，用鼠标拖动填充柄到 E2 单元，E2 单元中的值是_____。

4. 利用计算机对语音进行处理的技术包括语音_____技术和语音合成技术，它们分别使计算机具有"听话"和"讲话"的能力。

5. 描述网络资源所用协议、主机名、路径与文件名的统一资源定位器，其英文缩写为_____。

三、操作题

（一）Windows 操作

1. 在 C:\CS 文件夹下创建两个文件夹：JHF、JKF；在 C:\CS\JKF 文件夹中建立名为 JLF 的子文件夹。

2. 在 C:\CS 文件夹中建立名为 MYPAN 的快捷方式，指向 Windows 7 的系统文件夹中的应用程序 mspaint.exe，并指定快捷键为【Ctrl+Shift+M】。

（二）Office 操作

1. 启动 Word 2010，打开素材文件\自测题二\word.docx，参照样张，按以下要求操作，将结果以原文件名另存在 C:\KS 文件夹中。

（1）将文档中所有"瓶装水"替换为 Bottled Water；将正文前三个段落的段落格式设置为首行缩进 3 字符，行间距 1.5 倍行距。

（2）将"水瓶"剪贴画重新着色为"水绿色，强调文字颜色 5 深色"；将第二段分为两栏，加分隔线。

（3）将第一个表格的底纹改为标准色"浅蓝色"；对表格的外边框添加边框样式中的倒数第五种样式边框，如样张所示。

2. 启动 PowerPoint 2010，打开素材文件\自测题二\Power.pptx，按下列要求操作，将结果以原文件名存入 C:\CS 文件夹。

（1）在幻灯片 1 上，将文本"树"的字体改为倾斜，颜色改为标准色"红色"；对幻灯片 2-6 插入幻灯片编号。

（2）在幻灯片 5 上，将左侧图片改为\自测题二"素材"文件夹中的 new.jpg 图片，并适当调整大小，使画面感觉协调；将右侧文字列表转换为 SmartArt："基本列表"，样式为"砖块场景"。

（三）网页设计

利用\自测题二\wy 文件夹中的素材（图片素材在 wy\images 中，动画素材在 wy\flash 中），按以下要求制作或编辑网页，结果保存在原文件夹中。

1. 打开主页 index.html，设置网页标题为"知识的力量"；设置网页下方表格属性：宽度 800 像素，对齐方式居中、边框线宽度、单元格填充和单元格间距都设置为 0。

2. 按样张设置网页背景图像 bg.gif；在第一行第一列单元格中插入图片 p1.jpg，设置宽度为 100 像素，高度为 92 像素，设置该单元格内容居中对齐。

3. 按样张将网页上部区域原文字"科学技术与文化教育"改为"知识的力量"，字体隶书、大小为 36px，加粗，颜色为（#800000）（CSS 规则名称设置为.zt）；按样张设置网页右部的文字项目列表。

4. 按样张在第一行文字右边插入动画 sa.swf，设置宽度为 200 像素，高度为 66 像素；将最下方文字"了解更多"链接到网页 cg.html，并能在新窗口中打开。

5. 按样张将第一行文字下方的水平线设置为宽度 900 像素，高度 4 像素；删除网页下方的"站内搜索"，按样张修改表单，设置"网页"、"视频"两个单选按钮（组名为 R1），默认选中"网页"；在右边添加文本域、添加"搜索"按钮。

（四）多媒体操作

1. 图像处理

在 Photoshop 软件中参照样张（"样张"文字除外），完成以下操作：

（1）打开素材文件\自测题二\pic06.jpg、pic07.jpg。

（2）将 pic07.jpg 图像合成到 pic06.jpg 中，并适当调整大小；为鸟设置投影效果，投影距离为 20。

（3）利用蒙版、图层、径向渐变工具，制作如样张所示效果。

（4）书写文字"喜上眉梢"，字体格式为华文新魏，大小 36 点，蓝色。

（5）设置文字"喜上眉梢"的"色谱"渐变叠加及白色 3 像素描边效果。

将结果以 photo.jpg 为文件名保存在 C:\CS 文件夹中。

2. 动画制作

打开素材文件夹"\自测题二"中的 sc.fla 文件，参照样张（YangliF.swf）制作动画（"样张"文字除外），制作结果以 donghua.swf 为文件名导出影片并保存在 C:\CS 文件夹中。注意：添加并选择合适的图层。

操作提示：

（1）设置影片大小为 400px×300px，帧频为 12 帧/秒，将"元件 2"作为动画背景，并显示至 72 帧。

（2）新建图层，在第 1~10 帧，将放大了的"元件 1"放在中部，在第 11~40 帧，制作"元件 1"逐步缩小运动到右下角并消失。

（3）新建图层，在第 41~60 帧，制作"旧上海浮光掠影"元件文字从右下角顺时针旋转一周到右上部的动画效果，并显示至 72 帧。

（4）新建图层，插入"幕布"元件，设置其透明度（Alpha）为 30%，创建从第 1 帧到第 72 帧从左到右拉上幕布的效果。

附录 D 自测练习题三

（本测试练习时间建议 90 分钟）

一、单选题，从下面题目给出的 A、B、C、D 四个可供选择的答案中选择一个正确答案。

1. 在教学中利用计算机软件给学生演示教学内容，这种信息技术应用属于_____。
   A. 数据处理　　　　　B. 辅助教学　　　　C. 自动控制　　　　D. 辅助设计

2. 计算机的中央处理器是由_____组成的。
   A. 运算器和控制器　　B. 累加器和控制器　C. 运算器和寄存器　D. 寄存器和控制器

3. 二进制数 10001001011B 转换为十进制数是_____。
   A. 2090　　　　　　　B. 1077　　　　　　C. 1099　　　　　　D. 2077

4. 操作系统的主要功能是_____。
   A. 资源管理和人机接口界面管理　　　　　B. 多用户管理
   C. 多任务管理　　　　　　　　　　　　　D. 实时进程管理

5. "蠕虫"往往是通过_____进入其他计算机系统。
   A. 网关　　　　　　　B. 系统　　　　　　C. 网络　　　　　　D. 防火墙

6. 属于面向过程的计算机程序设计语言是_____。
   A. C　　　　　　　　 B. C++　　　　　　 C. Java　　　　　　D. VB

7. 计算机系统的内部总线，主要可分为_____、数据总线和地址总线。
   A. DMA 总线　　　　　B. 控制总线　　　　C. PCI 总线　　　　D. RS-232

8. 在 Windows 系统中，"回收站"的内容_____
   A. 将被永久保留　　　B. 不占用磁盘空间　C. 可以被永久删除　D. 只能在桌面上找到

9. 在 Windows 7 的下列操作中，不能创建应用程序快捷方式的操作是_____。
   A. 直接拖动应用程序到桌面　　　　　　　B. 在对象上单击鼠标右键
   C. 用鼠标右键拖动对象　　　　　　　　　D. 在目标位置单击鼠标左键

10. 在 Excel 2010 中，对数据表进行自动筛选后，所选数据表的每个字段名旁都对应着一个_____。
    A. 下拉列表　　　　　B. 对话框　　　　　C. 窗口　　　　　　D. 工具栏

11. 数据通信系统模型不包括_____。
    A. 数据源　　　　　　B. 数据通信网　　　C. 数据库管理系统　D. 数据宿

12. _____型的图像文件具有动画功能。
    A. JPG　　　　　　　 B. BMP　　　　　　 C. GIF　　　　　　 D. TIF

13. 单张容量能够达到 25GB 的光盘是_____。
    A. CD 光盘　　　　　 B. VCD 光盘　　　　C. 蓝光光盘　　　　D. DVD 光盘

14. 以下文件格式中不是视频格式的是_____。
    A. MOV　　　　　　　B. AVI　　　　　　 C. JPG　　　　　　 D. MPG

15. 使计算机具有"说话"的能力，即输出语音，属于＿＿＿＿＿＿技术。

　　A．语音采样　　　　　B．语音合成　　　　　C．语音识别　　　　　D．虚拟现实

16. BMP 格式是一种常见的＿＿＿＿＿＿文件格式。

　　A．音频　　　　　　　B．视频　　　　　　　C．图像　　　　　　　D．动画

17. 存储一幅图像时，当像素数目固定时，采用＿＿＿＿＿＿色彩范围表示的文件所占空间最大。

　　A．256 色　　　　　　B．16 位色　　　　　　C．24 位色　　　　　　D．32 位色

18. ＿＿＿＿＿＿标准是静态数字图像数据压缩标准。

　　A．MPEG　　　　　　B．PEG　　　　　　　C．JPEG　　　　　　　D．JPG

19. ＿＿＿＿＿＿协议是当前互联网上使用最广泛的协议，主要包括传输控制协议和网际协议。

　　A．以太网　　　　　　B．TCP/IP　　　　　　C．蓝牙　　　　　　　D．ISO 协议

20. 在现实中，可行的网络安全技术手段不包括＿＿＿＿＿＿。

　　A．及时升级杀毒软件　　　　　　　　　　　B．使用数据加密技术

　　C．安装防火墙　　　　　　　　　　　　　　D．使用没有任何漏洞的系统软件

21. 为进行网络中的数据交换而建立的规定、标准或约定叫做＿＿＿＿＿＿。

　　A．摩尔定律　　　　　B．分辨率　　　　　　C．ISO 标准　　　　　D．网络协议

22. 以下关于 DNS 的正确说法是＿＿＿＿＿＿。

　　A．DNS 是浏览互联网所必需的

　　B．DNS 是 WWW 服务器中的一种

　　C．DNS 是域名服务器，用于将域名地址映射到 IP 地址

　　D．DNS 是 FTP 服务器的一种

23. ＿＿＿＿＿＿不属于网络设备。

　　A．交换机　　　　　　B．路由器　　　　　　C．网桥　　　　　　　D．分配器

24. ＿＿＿＿＿＿不是决定局域网特性的主要技术要素。

　　A．网络拓扑　　　　　B．介质访问控制方法　C．传输介质　　　　　D．域名系统

25. 通过互联网将计算处理程序自动拆分成很多较小的子程序，分别交由众多服务器中的动态资
　　源进行处理，再把结果返回给用户的方式称为＿＿＿＿＿＿。

　　A．网络爬虫　　　　　B．云计算　　　　　　C．黑客程序　　　　　D．三网合一

二、填空题

1. 物质、能源和＿＿＿＿＿＿是人类社会赖以生存、发展的三大重要资源。

2. 汉字国标码 GB2312—1980 是一种＿＿＿＿＿＿字节编码。

3. 在 Excel 中，在 A2 和 B2 单元格中分别输入数值 8 和 6，当选定 A2:B2 区域，用鼠标拖动填充
　　柄到 E2 单元，E2 单元中的值是＿＿＿＿＿＿。

4. 视频信息的压缩是将视频信息重新编码，常用的方法包括＿＿＿＿＿＿冗余编码、时间冗余编码
　　和视觉冗余编码。

5. 通过传感器等设备，把物品与互联网联接起来，实现智能化识别、定位、跟踪、监控和管理的
　　网络称为＿＿＿＿＿＿网。

三、操作题

（一）Windows 操作

1. 将 Windows 7 的"帮助与支持"中关于"创建还原点"的帮助信息内容保存到 C:\CS\help.txt 中。

2. 将素材文件\自测题三\new.jpg 复制到 C:\CS 文件夹中，并重命名为 tuG.jpg。

（二）Office 操作

1. 启动 Word 2010，打开素材文件"\自测题三\word.docx"文件，参照样张，按以下要求操作，将结果以原文件名另存在 C:\CS 文件夹中。

（1）将第二页符号列表的黑色实心圆点项目符号改为素材文件夹"\自测题三"中的 new.jpg 图片；将列表文字的字体改为倾斜、"橙色，强调文字颜色 6 深色 25%"。

（2）对页末包含 CONTOSO 文字的文本框位置设置为水平垂直均在页面中间的样子；并将其逆时针旋转 45°，如样张所示。

（3）页面颜色改为"茶色，背景 2"；在页眉添加页码，样式为"圆形"。

2. 启动 PowerPoint 2010，打开素材文件"\自测题三\Power.pptx"文件，按下列要求操作，将结果以原文件名存入 C:\CS 文件夹。

（1）在幻灯片 1 上，将文本"常绿树"超链接到幻灯片 4；对演示文稿中幻灯片 2~6 的母版右下角插入"动作按钮：前进或下一项"，超链接到下一张幻灯片。

（2）将幻灯片 1 的背景样式改为"栎木"的纹理填充；设置全部幻灯片的切换设置为"揭开"的细微型切换方式。

（三）网页设计

利用\自测题三\wy 文件夹中的素材（图片素材在 wy\images 中，动画素材在 wy\flash 中），按以下要求制作或编辑网页，结果保存在原文件夹中。

1. 打开主页 index.html，设置网页标题为"兴趣爱好与人生"；设置网页背景图像 bg.gif；设置外部表格属性：对齐方式居中、边框线宽度、单元格填充和单元格间距都设置为 0。

2. 按样张在内部嵌套表格的最后一个单元格中插入图片 f04.jpg，设置宽度为 80 像素，高度为 80 像素；按样张在外部表格第 2 行第 1 列单元格中插入动画 sa.swf，设置动画宽度为 151 像素，高度为 50 像素。

3. 按样张将网页上部区域原文字"多样的兴趣"文字改为"兴趣爱好与人生"，字体为隶书、大小为 36px，颜色为（#808000）（CSS 规则名称设置为.hh），设置该单元格内容水平居中对齐 ；按样张设置项目列表。

4. 将文字"更多…"链接到网页 cg.htm，并能在新窗口中打开。按样张在网页下方添加水平线，并设置水平线的宽度为 90%，高度 4 像素，颜色为（#808000），居中对齐。

5. 按样张修改表单，删除网页下方的"站内搜索"，设置"网页"、"图片"两个单选按钮（组名为 R1），默认选中"网页"；在右边添加文本域、添加"搜索"按钮。

（四）多媒体操作

1. 图像处理

在 Photoshop 软件中参照样张（"样张"文字除外），完成以下操作：

（1）打开素材文件"\自测题三\pic1.jpg"、"\自测题三\pic2.jpg"。

（2）为 pic1 图像添加胶片颗粒的艺术效果。

（3）将 pic2 图像合成到 pic1 图像中并适当调整大小。

（4）制作如样张所示的椭圆形瓷瓶阴影，羽化值 5，颜色（R:128，G:128，B:128）。

（5）输入文字：青花瓷（华文行楷，72 点，颜色 R:128，G:128，B:128），按样张调整文字位置。并设置投影效果（不透明度 40%，距离 5）。

将结果以 photo.jpg 为文件名保存在 C:\CS 文件夹中。结果保存时请注意文件位置、文件名及 JPEG 格式。

2. 动画制作

打开素材文件夹"\自测题三"中的 sc.fla 文件，参照样张制作动画（"样张"文字除外），制作结果以 donghua.swf 为文件名导出影片并保存在 C:\CS 文件夹中。注意：添加并选择合适的图层。

操作提示：

（1）设置影片大小为 500px × 300px，帧频为 10 帧/秒，用"背景"元件作为整个动画的背景，静止显示至第 60 帧。

（2）新建图层，将"台布"元件靠右放置在该图层，创建"台布"自第 1 帧到 50 帧从左到右逐步变窄的动画效果，并静止显示至第 60 帧。

（3）新建图层，将"卷轴"元件放置在该图层，位置与背景卷轴紧靠，创建卷轴自第 1 到 50 帧从左向右运动的动画效果，静止显示至第 60 帧。

（4）新建图层，并移动到紧靠背景层之上，将"文字 1"元件放置在该图层，创建文字自 15 到 50 帧从无到有的动画效果，并显示至第 60 帧。

（5）新建图层，在第 10 帧加入文字"国宝"（字体隶书，大小 36，红色），逐步放大至第 50 帧居中，并显示至 60 帧。